FLORULE BRYOLOGIQUE

OU

GUIDE DU BOTANISTE

AU

MONT-BLANC

2me PARTIE DES CRYPTOGAMES

OU

MUSCINÉES DES ALPES PENNINES

PAR

VENANCE PAYOT

Ex-maire de Chamonix, membre des Sociétés botanique et géologique
de France, des Sociétés murithienne du Valais et d'agriculture
et d'histoire naturelle de Lyon, Florimontane d'Annecy,
Membre de l'Académia pittagorica de Naples.
Correspondant de celle de Chambéry et de Dijon.
Officier d'Académie.

GENÈVE

HENRI TREMBLEY

LIBRAIRE-ÉDITEUR

4, Corraterie, 4

1886

OPUSCULES DE VENANCE PAYOT, *Naturaliste*

Florule du Mont Blanc, Guide du botaniste dans les Alpes ou Flore de l'Excursionniste sur les Alpes Pennines.

PREMIÈRE PARTIE : *Plantes phanérogames.* — Ouvrage d'un mérite incontesté à l'égard des nombreuses citations d'espèces ou variétés nouvelles et litigieuses ou critiques, que l'auteur a observé pendant 35 années de recherches attentives et d'explorations autour de ce Massif, l'autorise à soutenir ce qu'il indique. 1 vol. in-12 de 300 pages. 4 fr.

DEUXIÈME PARTIE : *Plantes cryptogames vasculaires*, *Florule du Mont-Blanc* ou Guide du botaniste sur les Alpes Pennines ou le Phytologiste excursionniste au Mont-Blanc. Un petit volume de même format que le précédent.

Guide itinéraire au Mont-Blanc et dans les vallées voisines, servant de Vade-Mecum au voyage circulaire entre Genève, Chamonix et retour par le lac Léman ou vice-versa. 1 petit volume in-12 de 240 pages. 3 fr.

Oscillations des quatre grands glaciers de la vallée de Chamonix ou Observations sur l'avancement ou le retrait des Glaciers pendant les 25 dernières années, contenant l'historique sur leur ancienne extension depuis les temps les plus reculés jusqu'à nos jours. Dernier supplément, daté du 31 mars 1884. 1 petit volume in-12 de 120 pages. 2 fr.

Description pétrographique des roches et des terrains cristallins primaires et sédimentaires du Massif de la chaîne du Mont-Blanc et des montagnes adjacentes ou Statistique des terrains et des roches qui constituent les massifs de montagnes entre les bassins du Gyffre au nord-ouest, de la Dranse au nord-est, de la Doire au sud-est, de Bionnassay au sud-ouest. 2e édition considérablement augmentée. Ouvrage donnant la description de la composition minéralogique de presque toutes les roches qui composent le Massif de la chaîne du Mont Blanc et des Alpes Pennines. 1 vol. in-12 d'une centaine de pages. 3 fr. 50.

FLORULE BRYOLOGIQUE

FLORULE BRYOLOGIQUE

OU

GUIDE DU BOTANISTE

AU

MONT-BLANC

2me PARTIE DES CRYPTOGAMES

OU

MUSCINÉES DES ALPES PENNINES

PAR

VENANCE PAYOT

Ex-maire de Chamonix, membre des Sociétés botanique et géologique de France, des Sociétés murithienne du Valais et d'agriculture et d'histoire naturelle de Lyon, Florimontane d'Annecy, Membre de l'Académia pittagorica de Naples, Correspondant de celle de Chambéry et de Dijon, Officier d'Académie.

GENÈVE

HENRI TREMBLEY

LIBRAIRE-ÉDITEUR

4, Corraterie, 4

1886

PRÉFACE

Il y a bien près d'une quarantaine d'années que je parcours avec persévérance la Chaîne du Mont-Blanc et des Alpes Pennines ainsi que les montagnes circonvoisines comprises entre les bassins du Gyffre au Nord, la Dranse à l'Est, de la Doire et du Bonnant au Sud-ouest, ainsi que celui de l'Arve.

Je me suis spécialement attaché dans les premières années à la recherche des *Phanérogames* qui ont été publiées et qui forment la première partie de l'ouvrage.

Comme il est presque impossible de tout voir dans les excursions de longue haleine, ou alors on n'explore qu'à demi, si on recherche les phanérogames, le plus souvent on passe sur les mousses les plus intéressantes, ainsi je me suis voué à la recherche d'une seule classe du règne végétal pour renouveler mes pérégrinations dans chaque localité indiquée ci-dessus, ou presque toutes ont été piétinées et minutieusement arpentées en tout sens, celles qui ne l'ont pas été, le nom de l'auteur de la découverte est scrupuleusement indiqué, aussi j'ai lieu de croire qu'il restera peu à glaner dans toute l'étendue du champ de mes explorations.

Comme toutes les vallées qui entrent dans le champ de notre domaine floral ont été si souvent décrites que je me dispense d'entrer dans plus de détail me contentant de mentionner le *Guide itinéraire au Mont-Blanc* servant de Vade-mecum ou Voyage circulaire de notre champ d'étude, un petit volume du même format et du même auteur. La troisième édition vient de paraître. Les vingt-cinq dernières années ont été plus spécialement consacrées aux recherches bryologiques, que des encouragements m'ont décidé de faire connaître les richesses bryologiques de notre contrée, qui doit être classée au nombre des plus favorisées au point de vue de la Cryptogamie.

Mes nombreuses récoltes ont été d'une certaine importance en espèces nouvelles pour la science et le plus grand nombre pour la France.

J'ai été favorisé de l'honneur d'entretenir d'agréables relations avec les plus illustres maîtres de la science, entre autres le célèbre fondateur de la Bryologie, M. W.-P. Schimper qui a contrôlé toutes les espèces de mon herbier d'alors et tout récemment par le non moins célèbre bryologue, M. L. Abbé Boulay, ainsi que des MM. Geheeb, G. Davies, Brotherus, Limpricht, etc.

Qu'ils reçoivent ici l'hommage de ma gratitude.

Je sollicite l'intelligence de mes confrères en bryologie pour toutes les imperfections de mon travail, qui n'a eu d'autre prétention que d'être utile à la science, en faisant connaître la végétation phanérogamique et cryptogamique de cette importante chaîne qu'on appelle le roi des Alpes qui a occupé la meilleure partie d'une existence humaine ou de près d'un demi-siècle.

Le catalogue raisonné des Sphaignes et des Hepatiques fera suite et sera publié prochainement.

RECTIFICATIONS

PAGES	N^os	AU LIEU DE :	LISEZ :
1	2	Flœorkeanum	Flœrkeanum
2	1	Miscrotomum	Microstomum
3	4	Curvirotrum	Curvirostrum
4	8	Diacranoweisia	Dicranoweisia
5	9	Necoweisia	Oreoweisia
7	5	Cirvuculata	Cerviculata
8	8	Subulatum	Subulata
11	19	Ondulatum	Undulatum
12	15	Duranodontium	Dicranodontium
13	5	Odianthoïdes	Adianthoïdes
14	24	Parpurens	Purpureus
16	2	Inclanatus	Inclinatus
17	2	Cylindrius	Cylindricus
17	5	Denticulateur	Denticulatus
19	6	Var. Rupestri	Rupestris
20	5	Augustate	Angustata
21	33	Caractarum	Cataractarum
24	14	Trichophll	Trichophylla
24	15	Hartmann	Hartmani
30	3	Hutchinsia	Hutchensiæ
35	15	Anguistatum	Angustatum
36	7	Cucullata	Cucullata
55	327	Abirtinum	Abietinum
56	330	Plerogynadrum	Pterygynandrum
65		Protensium	Protensum
66	390	Napaum	Napœum
70	405	Eugiruim	Eugirium
71	407	Arcticum	Arcticum

FLORULE BRYOLOGIQUE

1re SÉRIE : ACROCARPES

1er ORDRE : CLEISTOCARPÉES

1re FAMILLE : EPHEMÉES

1. EPHEMERUM. — HEWD.

1. **Serratum** HAMP. — *Phascum Serratum* SCHP.

Hab. Sur la terre humide, dans toutes les vallées inférieures du champ de nos explorations. Servoz et la vallée moyenne et inférieure de l'Arve.

2. 1. **Phascum** LIN.

1. **Muticum** SCHP. *Acaulon Muticum. Sphærangium Mut.* SCHP.

Hab. Sur la terre, dans toute la vallée moyenne et inférieure de l'Arve.

3. P. (2) **Flœorkeanum W.** et MOHR.

Microbryum, Flœerkeamum SP.

Hab Sur la terre humide entre le Fayet et Sallanches, dans la vallée moyenne et inférieure de l'Arve.

4. P. (3) **Cuspidatum** SCHWOEG, SCHP.

Hab Sur la terre humide, dans toute la plaine entre le Fayet et Sallanches avec la variété Macrophyllum de Sch.

5. PH. (4) **Curvicollum** HEDW.

Hab. Sur la terre humide, dans toute la vallée inférieure de l'Arve.

6. PH. (5) **Subulatum** LINN.

Pleurium SCHP.

Hab. Mêmes stations et localité que la précédente.

II ORDRE. STEGOCARPÉES

7. HYMENOSTOMUM

1. **Miscrotomum** B. BRONW.

Hab. Sur la terre, au bord des champs, dans des talus de la région moyenne et inférieure du bassin de l'Arve Chamonix.

8. **H. Tortile** SCHWG.

Hab. Sur la terre et les vieux murs du bassin moyen et inférieur de l'Arve.

9. (4) GYMNOSTOMUM HEDW. BR.

1. **Calcarum** NEES et HORN.

Hab. Fissures de rochers calcaires au mont Lachat, sur les Houches. 1,200 m.

10. **G.** (2) **Rupestre** SCHWAG.

Hab. Fissures de rochers siliceux, felspathiques au Mont Vautier sur Servoz, 800 m., Sainte-Marie aux Montées, (850) base de la Glière sur la Flégère et de la Floriaz, Les Aiguilles Rouges sur Arlevé revers nord (2000 m).

11. **G.** (3) **Rupestre Var Compactum** SCHP.

Hab. Pentes de rochers du Nant Profond et dans le vallon de Tacconnaz.

12. G. (4) **Curvirotrum** Sch, Hedw.

Hab. Rochers calcaires, humides près des filets ou cascades, aux Gorges de la Diozaz (850).

1. **Var Caractarum** Sp.

Hab. Au vallon du Chatelard sur le tunnel (800).

2. **Var Pallidisetum** Schp.

Hab. Fissures de rochers au Nant Profond et à la cascade du Mont Joly (J. Muller).

5) **EUCLADIUM** B. et Schp B.

13. **Verticillatum** Sch.

Hab. Fissures de rochers et des murs humides de la région moyenne et inférieure de notre champ d'exploration.

6) **ANŒCTANGIUM** Schwæg.

14. **Compactum** Schwæg.

Hab. Fissures de rochers humides, siliceux au Mont Vautier sur Servoz. 800 m., en descendant le col de la Forclaz sur Saint-Gervais, torrent de la cascade du Dard Chamonix, Sainte-Marie aux Montées (880) Grand-Bois (1060) Aiguille à Bocchard et Moraine gauche de la Mer de Glace, Nant Profond, Rochers du Mauvais Pas, Mer de Glace, Montagne de Tacconnaz, aux Rassaches, entre Pierre Pointue et à l'Echelle, Gorge de la Diozaz (850 m.) en montant le gros Béchard sur la montagne de la Côte et de la Cascade des Pèlerins versant nord des Aiguilles Rouges (2,200).

Var Glacialis. Schp in lett 1856 et Boulay.

Hab. Fentes de rochers qui dominent la Pierre à Bérard vers le col de Salenton.

7) **WEISIA** Hedwig.

15. 1) **Wimmeriana** Sch., Bryol, Europ. G. Davies in litt. 1885.

Hab. Aiguilles Rouges entre Bel Achat et le Brévent (novembre 1884). Gorges de la Diozaz, au Mont Joly, près de la Cascade, au-dessus de Mégève (J. Muller).

16. **W. 2) Viridula.** Brid., Bryol.

Hab. Sur la terre découverte, au bord des chemins, dans les environs de Chamonix au Bouchet ainsi que dans le bassin moyen et inférieur de l'Arve entre 450 à 1050 maximum.

17. **W. 3) Mucronota** Bruch et Schp.

Hab. Sur la terre découverte, dans le bassin inférieur de l'Arve (J. Muller).

18. **W. 4) Crispula** Hedwig.

Hab. Sur les rochers découverts de tout le périmètre de notre champ d'exploration, sur la Chaine des Aiguilles-Rouges sur ses deux versants ainsi que de la chaine du Mont-Blanc entre 1000 à 2500 m. d'altitude, aiguille à Bochard, sous le glacier des Rassaches, à la Pierre, à l'Echelle et au-dessus du glacier d'Argentières.

19. **W. 5) Crispula Var 3 Atrata** B. et Schp.

Hab. Aux mêmes stations et localités que sa congénère, entre 1050 et 2500 m. au pied de la Filliaz, à 1060 m. aux Aiguilles-Rouges, autour du Lac Cornu, 2500 m., sur la Flégère 1500 m., aux alentours des chalets de Sâles, aux derniers rochers vers le cime du Buet, à 3000 m. et au Bouchet de Chamonix 1050 m., ainsi qu'aux Grands-Mulets, 2500 m.

20. **W. 6) Cirrhata** Hedwig.

Hab. Sur les pierres, les troncs, autour de Chamonix, à Hortaz, au col du Praz, Torrent entre les Aiguilles de la Loriaz et sur celle à Bochard, soit entre 1050 à 2500 m.

8) DIACRANOWEISIA Schp.

21. **Bruntoni** Schp. *Cynodontium Bruntoni* B.

Hab. Fissures de rochers silicieux entre Bel-Achat et le Brevent sur Chamonix.

9) NÉEOWEISIA Schp.

22. Serrulata Schp.

Hab. Les rochers siliceux, vers le pont de Pélissier près Chamonix, autant que son état de stérilité peut l'identifier avec cette espèce. Colme de Balme.

10) RHABDOWEISIA Schp.

23. Jugax. Bruch et Schp.

Hab. Sur la terre dénudée et les murs aux alentours de Chamonix et le Nant du Dard, à Coupeau près le hameau des Folières, à Bocher près Sainte-Marie aux Houches.

Famille des Dicranées.

11) CYNODONTIUM Schp.

24. Gracilescens Schp.

Hab. Fissures de rochers boisés et siliceux, près des chalets du Planet et ceux de sur le Rocher en face Chamonix.

25. **C. 2) Polycarpon** Schp.

Hab. Fissures de rochers siliceux boisés en montant le bois Magnin, au Col de Balme et en descendant du Brevent à Coupeau et aux Gorges de la Diozaz, au Nant du Dard et des Pèlerins, du Greppon en face de Chamonix et du Fouilly, à la cascade de Barberide, au Cougnon, à Floriaz, à Sainte Marie, aux Montées, Sommet de Mont-Lachat, Montagne de la Côte, La Griaz, Rochers du Seez et la Jorace sous le Montanvert entre l'altitude de 1000 à 1500 m. maxim.

Var (1) Strumiferum Br. Europ.

Hab. Le long du Grepon, en face de Chamonix et du Cougnon.

12. CYNODONTIUM

26. Virens Schp.

Hab. Dans les petits cours d'eau qui descendent du Buet en face de Pierre à Bérard, et en descendant de Sainte-Marie à

Servoz par la rive droite ou de Bocher, les rigoles du bois Magnin, en allant contre le Glacier du Trient et en montant au Col de Balme.

Var 1. Wahlenbergii B. et Schp. *Oncophorus. Walhenbergii.* Bridel.

Hab. Sur la terre silicieuse, aux Bouchet et aux Mottets base de la Mer de Glace.

13. DICHODONTIUM Schp.

27. **Pellucidum** Schp.

Hab. Sur les pierres des rigoles, dans les bois traversant de Moncoutant au Col de la Forclaz et dans celles qui descendent du Buet en face de Pierre à Bérard.

14. TREMATODON Schp.

28. **Ambigusu** Hornsch.

Hab. Sur la terre dénudée siliceuse au Bouchet de Chamonix.

15. DICRANELLA Schp.

29. **Crispa**. Schp.

Hab. Sur la terre dénudée, siliceuse, humide, Pont de Peralottaz, au bord de la biaillaire, et au Biolet et surtout au Bouchet.

30. **D.** 2) **Grevilleana**. Bru et Schp.

Hab. Sur la terre un peu humide, calcaire, au Col de Balme et au Mont-Joly, sous Sallanches (J. Muller), base de la Floriaz sous la Flégère (31 novembre 1884).

31. **D.** 3) **Schreberi** Schp.

Hab. Sur la terre ombragée, au bois de la Jorace et près de la cascade du Dard à Chamonix.

32. **D. 4) Squarrosa** (*) Schp.

Hab. Dans les rigoles et les sources, sur la terre et les pierres siliceuses, forêt des Pèlerins, dans les petits cours d'eau en face Pierre à Bérard, 2200 m., au Mont-Vautier, à la foret du Lays. Vallée de Bérard à droite de l'Eau Noire et entre les chalets de la Balme et d'Arlève, sur les Aiguilles Rouges.

33. **D. 5) Cirviculata** Schp.

Hab. Sur les bords des fossés, ou des mottes de terre silicieuse, au Bouchet.

34. **D. 6) Varia** Schp.

Hab. Sur la terre humide, près des fossés, dénudée et séchée, au Bouchet de Servoz et de Chamonix, au Biolet, au Pont de Peralottaz, aux Gaillands, aux Thynes et en montant le Col de Balme, bois de la Griaz, et de la Côte et le vallon des Faux.

(*) Note sur deux exemples de fructification de mousses sous la neige, par M. V. Payot.

Dans une excursion faite le 10 janvier dernier, j'ai eu l'occasion de récolter de très beaux échantillons de *Dicranella squarrosa* Schimp. et de *Mnium ponctatum* en pleine fructification tous les deux : ces Mousses croissaient ensemble, en grande abondance, le long d'un filet d'eau sortant des fissures de rochers sur lesquels vient se terminer le couloir gauche de la Mer de glace. Bien que cet hiver soit exceptionnellement doux, la température a été cependant assez rigoureuse vers le milieu de novembre, pour que le thermomètre soit descendu à Chamonix à — 18° centigrades, D'ailleurs, les rochers sur lesquels les Mousses en question ont été trouvées sont restés couverts de neige jusque dans le courant de décembre : comme ce n'est pas en quinze jours que ces Mousses auraient pu atteindre leur entier développement, je suis conduit à penser qu'elles avaient du végéter et fructifier sous la neige. Ce qui me confirme, du reste, dans cette opinion, c'est cette circonstance particulière que la Mer de glace recouvrait, il y a quinze ans encsre, les rochers sur lesquels ces Mousses croissent aujourd'hui en grande abondance. On est dès lors conduit à supposer qu'un certain nombre de Mousses, qu'on rencontre presque toujours à l'état stérile, fructifient sous la neige ; il en serait ainsi notamment de celles qui croissent à une certaine altitude, expssées au nord, où la température n'oscille qu'entre des limites très rapprochées.

35. **D.** 7) **Rufescens** Schp.

Hab. Sur la terre dénudée, humide au pied du Nant du Fouilly près Chamonix.

35. **D.** 8) **Subulatum** Schp.

Hab. Sur la terre dénudée, greveleuse des pentes et descendant la Tappiaz, sur le rocher, moraine de la Mer de Glace, à l'angle, Chamonix, au Biolet, entre 1050 à 1600 m. à la Jorace sous le Montanvert, aux Montées, à la Griaz, au Nant des Praz et au pied de la Filliaz au Bouchet de Chamonix, forêt de Songeonaz, bord du glacier des Bossons et des Bois.

37. **D** 9) **Curvata** Schp.

Hab. Sur la terre humide des dégorgements des mines de Baryte à Servoz, au Lac.

38. **D.** 10) **Heteromalla.** Schp.

Hab. Sur la terre siliceuse dénudée aux Montées de Servoz, et bois de la Jorace, sous le Montanvert, au Cougnon en face de Chamonix, au Bouchet.

Var 1. Stricta Schp.

Hab. Gorges de la Diosaz et au Bouchet de Chamonix.

Var 2. Sericeum Schp. *Dicronodontium. Sericeum* Schp.

Hab. Touffes très soyeuses, d'un vert tirant sur le jaune f. finement subulées, Sainte-Marie aux Montées.

I. DICRANUM Hedwig.

39. **Fulvellum** Schp.

Hab. Fissures de rochers humides et sur la terre dénudée, humide autour du Col de Balme, légit. 6, 17, 84.

40. **D. 2. Hyperbcreum** Schp. *Arctoa Hyperborea.*

Hab. Selon MM. R. Spruce et Boulay, celle-ci ne serait qu'une variété de la précédente.

41. D. 3. **Starkii** Schp.

Hab. Sur la terre et les rochers siliceux, au bois de la Jorace, derrière la Crase du Praz Torrent, aux Aiguilles Rouges, 2200, au Planet sur Chamonix, 1500 m., autour de Pierre à Bérard, sommet du Pormenaz, Crête de Tacconnaz, sommet de la Tappiaz.

42. D. 4. **Falcatum** Hedw. Schp.

Hab. Sur la terre siliceuse et les fissures de rochers, sur tout le revers nord des Aiguilles Rouges entre Carlaveyron et le Brévent.

43. D. 5. **Blyttii** Schp.

Hab. Fissures de rochers aux Rassaches d'Argentières sur Lognan.

44. D. 6. **Strictum** Schp. Schleuch. Schweg.

Hab. Sur les souches des sapins, dans les bois du Bouchet près Chamonix, 1050 m., et près la chapelle de Berryer en face d'Entrèves près Courmayeur, au bois de la Jorace, au bord du glacier des Bois, surtout au Bouchet à Hertaz.

45. D. 7. **Montanum** Hedw.

Hab. Sur souches pourries dans les forêts de la vallée de Chamonix, à la Griaz, à la Jorace et au Planet en face de Chamonix.

46. D. 8. **Viride, Lindb** Schp. *Dic. Traustum* Schp.

Hab. Sur les souches et les troncs des bois de la Jorace, sous le Montauvert.

47. D. 9. **Fulvum** Hook.

Hab. Sur les pierres et les rochers siliceux, dans les bois, au Bouchet, à Hertaz.

48. D. 10. **Longifolium** Hedw.

Hab. Sur les souches des sapins et des melèzes, blocs graniteux du bois de la Jorace, sous le Montanvert et au Cougnon.

49. D. 11. **Sauteri** B. et Schp.

Hab. Sur les rochers et les racines de sapins au Bouchet de Chamonix, 1050 m., dans les bois également de sapins, sur le revers méridional, aux alentours de Courmayeur avant d'arriver à la Chapelle de Berryer ou forêt de Berryer.

50. **D. 12. Albicans** B. et Schp.

Hab. Sur la terre, dans les fissures de rochers silicieux, moraine gauche de la Mer de Glace, à la Jorace sous le Montanvert, au pied de l'Aiguille du Grepon, 2200 m., autour de Pierre à Bérard, 2200 m., versant nord des Aiguilles-Rouges, la Tappiaz, 2500 m., sommet de Pormenaz, Songeonnaz, Bouchet près Chamonix et Hortaz, les Crêtes entre Bel-Achat et le Brévent.

51. **Dic. Var. 1. Subalpinum.** Echantillons fort remarquables, atteignant 10 cent. au moins, très robustes.

Hab. Sur les blocs graniques du bois de la Jorace, sur la moraine de la Mer de Glace.

52. **D. 13. Fuscescens** Turn. D. *Congestum* Brid.

Hab. Sur les racines et les souches, dans les bois et les rochers, entre les Chalets inférieur et supérieur de la Pendant. Sous les Aiguilles de Loriaz, au Montet en traversant les Gez Blancs, aux Jeurs, sur la Tête-Noire, et autour du Col de Balme, aux Chezerys des Frasserands, sur les frêtes sur Bel-Achat, Carlaveyron et le Brevent.

Var 2. Longirostre Schp.

Hab. La Jorace.

53. **D. 14. Muhlenbeckü** B. et Schp. *D. Hostianum* Schw.

Hab. Lieux rocailleux et les troncs des sapins dans les bois, à côté des Prés de Venis, dans l'Allée-Blanche, au revers méridional de cette chaine et au Mont-Joly (J. Muller).

54. **D. 15. Neglectum Juratzk D.** *Intermédium Juratzk D. Fuscescens Var B. Robustum* Schp.

Hab. Sur la terre et les rochers siliceux, entre le Brévent et le Lac Cornu, en suivant la frête des Aiguilles. En montant par la rive droite de l'Eau Noire, dans la vallée de Bérard, autour du Col de Balme et sous le glacier du Lac Blanc, sur la Flégère.

55. **D. 16. Scoparium** Hedw.

Hab. Sur la terre, les rochers et les troncs de sapins dans toute l'étendue de notre périmètre, au Greppon, au Cougnon, au Bouchet, dans tous les alentours de Chamonix, Servoz, les Gaillands, ainsi que les vallées du revers méridional de cette chaîne.

56. (1) *Var.* **Vulgare** Boul.

Hab. Feuilles arquées, homotropes, au Bouchet de Chamonix, de Servoz.

57. (2) *Var.* **Forma Elata** Boul.

Hab. Tige allongée atteignant 10 cent. Gorges de la Diosaz.

58. (3) *Var.* **Orthophyllum** B.

Hab. Forêt du Mont (de la Côte).

59. (4) *Var.* **Forma Paludosa** Schp.

Hab. Au Bouchet.

60. (5) *Var* **Compactum** Renauld.

Hab. En touffes compactes. Aiguilles Rouges.

61. (6) *Var.* **Juniperinum**.

Hab. Au Bouchet.

62. **D. 17. Majus** Turn.

Hab. Sur les rochers montonnés couverts d'arbutes, suintant l'humidité, aux Montées sous les Chavans.

63. **D. 18. Schraderi** Schwæg. *D. Bergeri* Bland.

Hab. Dans les tourbières marécageuses, au Bouchet de Chamonix. Leg. 10, 10, 84, et en allant du Montanvert à l'Angle.

64. **D. 19. Ondulatum** Voit B. Eur. D. *Rugosum.*

Hab. Sur la terre et les rochers siliceux, couverts de bruyères dans les flaques d'eau des concavités des rochers de Vaudagne, des Montées, la Jorace, le Mont-Vautier.

(1) **Var. forma curvula.**

Hab. Au Bouchet de Servoz.

65. **D. 20. Bongeani de Notaris. D. Palustre** Schp.

Hab. Marécages du Bouchet près de Chamonix.

Duranodontium Schp.

Hab. Sur la terre et les troncs, les souches des sapins, au Bouchet de Chamonix, à Valorsine, revers nord, aux Montées, contre Vaudagne, au Cougnon, en face Chamonix.

66. **Longirostre** Schp.

Hab. Sur la terre, sous les bruyères, dans les forêts humides et les anfractuosités de rochers siliceux, à Mont-Vautier, à Servoz, 850, aux Montées, 900 m. Gorges de la Diozaz, Valorsine et en descendant du col à Pierre à Bérard, 2300 m., Chesery des Frasserands, 2200 m., et à Sainte-Marie.

46. LEUCOBRYUM Schp. Hampe.

67. **Glaucum** Schp. Hampe. *Oncophorus. Glaucum* B. Europ. *Duranum Glaucum* Hedwig.

Hab. Sur la terre, sous les bruyères, dans les forêts humides et les anfractuosités de rochers siliceux, à Mont-Vautier, à Servoz, 850 m., aux Montées, 900 m., Gorges de la Diozaz, Valorsine et en descendant du col à Pierre à Bérard, 2,300 m., Chezery des Frusserands, 2,200 m., et à Sainte-Marie.

Famille des Fissidentées

47. FISSIDENS Hedw.

68. **Crassipes** Wils. *Minutulus* Sullir. *Inaurvus*, sont des formes d'un même type spécifique.

Hab. Sur les pierres inondées, au bords des sources et des cours d'eau de la vallée inférieure de l'Arve. (J. Muller)

69. **F.** 2) **Bryodïs**. *Bryoïdes*, Hedw.

Hab. Station et localité de la précédente.

70. **F.** 3) **Osmondoïdes** Hedw. Duran. Sw.

Hab. Fissures humides des rochers siliceux, aux Montées, aux Chavans. Gorges de la Diozaz et Sainte-Marie.

71. **F. Taxifolius** HEDW. *Dicranune Taxifolium* SCHRAD.

Hab. Au bord des chemins de la régio[illegible]férieure du bassin de l'Arve. (REUTER.)

72. **F.** 5) **Odianthoïdes** HEDW. HYP. *Odianthoïdes* LINN.

Hab. Dans les fissures de rochers siliceux humides, aux Gorges de la Diozaz et Mystérieuses, sous la Tête-Noire, au Mont-Vautier, à Servoz, et au Lac près la Tour Saint-Michel, à Sainte-Marie et au Châtelard, 800 à 1050 m.

73. **F. Decipiens de Notaris.**

Hab. Fissures de rochers et les souches de la région moyenne et inférieure de l'Arve.

Famille des Seligeriées

18. ANODUS B. et SCHP.

74. **Donianus** B. et SCHP.

Hab. Sur la terre des pentes peu inclinées, sur l'alluvion calcaire à Saint-Martin. (PUGET.)

19. SELIGARIA B. et SCH. *Weisia pusilla* HEDW.

75. **Pusilla** B. et SCHP. *Swartzia pusilia* EHRT.

Hab. Sur la terre à Saint-Martin. (PUGET.)

76. **Recurvata** B. et SCHP. *Grimmia Recurvata* HEDW.

Hab Parois des rochers ombragés, siliceux aux alentours des Chamonix et dans tout le bassin de l'Arve.

Famille des Brachyodontées

21. BRACHYADON FURN.

77. **Trichades Vées.**

Hab. Sur la terre aux Ravins des Plans.

22. CAMPYLOSTELUM B. et Schp.

78. **Saxicola** B. et Schp.

Hab. Sur la terre et les blocs ou rochers siliceux, les pentes du Grand ravin aux Plans.

Famille des Blindiées

23. BLINDIA B. et Schp.

79. **Acuta** B. et Schp. *Weisia Acuta* Hedw.

Hab. Parois et fissures de rochers siliceux suintant l'humidité ou même au bord des rigoles, au sommet du bois Magnin sur Trient, au Nant Profond et les bois avoisinant le glacier des Bossons, Nant du Dard sur Pierre Pointue, à Bocher aux Montées, et des Chalets de la Balme et d'Arlevé.

1 **Var. Breviseta** B.

Hab. Aux Mottets du Glacier des Bossons, les rochers siliceux et humides, aux Montées et aux Gorges de la Diozaz.

2 **Var. Irrorata** Pfeffer.

Hab. Au bois de la Jorace, sous le Montauvert et autour de Pierre à Bérard.

Famille des Cératodontées

24. CERATODON Hedw.

80. **Parpurens** Bridee.

Hab. Sur la terre dénudée, bord des chemins, les murs de tout notre périmètre, entre 500 à 2,500 m., à la Tappiaz, le col de Balme, commun partout.

25. TRICHODES Schp. *Trichostomum* Hedw.

81. 1. **Cylindrieus** Schp.

Hab. Sur la terre, sous les bruyères et au bord du bois de la Jorace, sous le Montanvert.

Famille des Leptotrichées

26. 1) **LEPTOTRICHUM** Hampe

82. **Tortile** Hampe.

Hab. Sur la terre humide dans la forêt de la Griaz, aux Houches, aux Thynes, au Bourselet, au Bouchet, aux Montées, au Cougnon, en face Chamonix.

83. **L.** 2) **Flexicaule** Hampe, Schp. *Cynodontuim* Schwœg.

Hab. Dans les bois rocheux, aux Montées, sous les Chavans, aux Aiguilles-Rouges, entre le Brevent et le Lac Cornu, 2,200, au Mont-Vautier, les Murs de la Victoire, à Courmayeur, au Bouchet et aux Georges Mystérieuses, sous Tête-Noire et de la Diozaz, aux Rassaches, 2,300 m.

84. **L.** 3) **Glaucescens** Hampe.

Hab. Fissures de rochers et les murs de pierres sèches, le long de l'Arve, au Pont de Peralottaz, Sainte-Marie, aux Montées, pentes de l'Aiguille à Bochard, sur le Chapeau, les murs autour de l'ancien lac de Chedde et du pont Pellissier, entre celui-ci et celui de Coupeau, Gorges de la Diozaz.

85. **L.** 4) **Homomallum.** B. et Schp.

Hab. Bord des sentiers, pentes dénudées, en traversant des Chavants, à Vaudagne, par les Montées, au Bouchet, à Chamonix et sur Tête-Rouge à la Poya, Valorsine.

Famille des Distichiées

27. 1) **DISTICHIUM** B. et Schp.

86. **Cappillaceum** B. et Schp.

Hab Fissures de rochers, principalement calcaires, ombragés, silicieux, aux Gaillands, le bois Magnin sur Trient, au Cougnon, en face de Chamonix, à Tête-Noire, autour de Pierre à Bérard, Pavillon de Bellevue et Chalet de la Pendant, sous le glacier de ce nom. Plaine de Passy, Gorges de la Diozaz, entre 600 et 2,500 m., aux cimes des Aiguilles-Rouges, bord de la mer de Glace, Grands-Mulets, 2,500 m.

Var. Brevifolium Br. Europ.

Hab. Bel-Achat, Pierre à Bérard, Aiguilles Rouges.

Var. Tenue.

Hab. Vallée de Bérard.

87. **D. 2) Inclinatum** Br. et Schp. *Didymodon inclanatus* Swart. Noirci par la gelée.

Hab. Cime des Aiguilles-Rouges et autour du col de Balme.

Famille des Pottiees

1) POTTIA Ehrh.

88. **Cavifolia** Ehrh.

Hab. Sur la terre dénudée, dans les vignobles du bassin inférieur de l'Arve.

89. **P. 2) Truncata** Schp.

Hab. Sur la terre humide des champs, autour de Chamonix.

1 **Var Major.**

2 **Var Minor** Shp. *in lett.*

90. **P. 3) Minutula** Schp.

Hab. Sur la terre au bord de l'Arve, à Bonneville.

91. **P. 4) Lanceolata** Schp.

Hab. Sur la terre, sous Merlet.

92. **P. 5) Var. Gymnostoma** Schp. Ehrh.

Hab. Bassin moyen et inférieur de l'Arve.

93. **P. 6) Latifolia** Schp.

Hab. Sur la terre et les fentes de rochers, au col de Bérard et de Salenton.

Var. Pilifera Schp.

Hab. Fissures de rochers siliceux entre les cols de Bérard et de Salenton et les Aiguilles-Rouges, à 2,500 m.

28 1) DIDYMODON Hedw

94. **Rubellus** B. et Schp.

Hab. Fissures de rochers calcaires ou silicieux et les vieux murs, les alluvions de l'Arve, aux Thynes, à Argentière, au bois Magnin, sous les Herbagères, 2,000 m. Sous le pont de Peralottaz, au Bouchet, 1050, à Hortaz, à Sainte-Marie et à Coupeau 850 m.

95. **D.** 2) **Cylindrius** B et Schp.

Hab. Parois verticales, ombragées, humides des rochers silicieux, à Notre-Dame de la Gorge, dans la vallée de Mont-Joie.

96. **D.** 3) **Sinuosus** Schp.

Hab. Sur la terre, tourbes, bruyères, en montant le col de Balme.

97. **D.** 4) **Alpigenus Juratzk.**

Hab. Fentes de rochers siliceux, à l'Aiguille, à Bochard, sur le Chapeau.

98. **D.** 5) Le *Denticulateur de Schp. Synop. 1er édit.*

D. Mollis Schp. 2e édit. n'est qu'une forme du Philonotis Foutana stérile, d'un port vraiment difficile à reconnaître à celui qui n'a pas remarqué tous les passages, 2,300 m., sur Arlevé, Aiguilles-Rouges.

99. **D.** 6) **Rufus** Lortz.

Hab. Fentes de rochers et sur la terre dénudée au versant nord des Aiguilles-Rouges et sur le revers du midi sur cette même chaîne à droite du glacier du Lac Blanc.

Famille des Trichostomées

29. TRICHOSTOMUM Schp.

100. **Tophaceum** Brid.

Hab. Les murs et les rochers des deux revers de cette chaîne, à la Source de la Victoire, à Courmayeur et dans le bassin inférieur de l'Arve.

101. T. 2. **Crispulum** Bruch. *Var. Angustifolium* Schp.

Hab. Sur la terre siliceuse ou creux de rochers siliceux, sous la Floriaz, sur la Flégère, 2,300 m.

102. T. 3. **Rigidulum** Sm. *Didymodon Rigidulum* Mild.

Hab. Sur les pierres et les rochers inondés, humide au Mont-Vautier, sur Servoz.

103. T. 4) **Var. Densum** Br. Europ. *Barbula Rigida* Mild.

Hab. Les vieux murs et les blocs mousseux, au Cougnon, en face de Chamonix, Argentières et le pont de Peralottaz.

30. DESMATODON B. et Schp.

104. 1) **Latifolium** Schp.

1 *Var.* **Glacialis** Schp.

Hab. Fentes de rochers calcaires ou siliceux, au Mont-Jovet, au Jardin de la Mer de Glace. à 2,500 m., les Becs-Rouges, sur le Glacier ou Tour Crase de Bérard, à 2,500 m. les frêtes du Brévent, à Carlaveyron, chaine du versant nord des Aiguilles-Rouges, sommet du bois Magnin.

2 *Var.* **Longifolium**, avec les pointes des feuilles d'un beau vert, longuement accuminées au sommet, jaune vers le milieu et roux dans la partie inférieure de la tige.

Hab. Entre les chalets de la Balme et d'Arlevé.

31. BARBULA Bridel.

105. **Rigida** B. et Schp.

Hab. Sur la terre calcaire et les vieux murs, au bord des routes du bassin inférieur de l'Arve, entre Bonneville et Genève.

106. B. 2) **Aloïdes** B. et Schp.

Hab. Mêmes stations que la précédente.

107. B. 3) **Membranifolia** Hook, B. et Schp.

Hab. Vieux murs calcaires des environs de Bonneville.

108. **B. 4) Cavifolia** Schp.

Hab. Sur la terre argileuse, à la Batiaz, Martigny, Débat.

109 **B. 5) Muralis** Hedw.

Hab. Sur la terre et les vieux murs, au Bouchet.

110. **B. 6) Var. Rupestri** Schaw.

Hab. Bassin inférieur de l'Arve et au Biolet, en face Chamonix et Hortaz, sur les digues de l'Arve, dans la plaine de Passy, près la Carbottaz.

111. **B. 7) Unguilata** Hedw, Schw.

Hab. Les vieux murs et sur la terre des coteaux, Alluvions de l'Arve, Argentière, pont de Peralottaz, au Biolet, Aranthon. (Puget.)

1. B. **Var. Apiculata** B. et Schp.

Hab. Aux environs de Chamonix.

112. **B. 8) Fallax** Hedw.

Hab. Sur la terre humide, alluvions de l'Arve, aux Thynes et à Chamonix et vers le pont de Peralottaz, aux Gaillants et sous Merlet, à Saint-Gervais. (Puget.)

113. **B. 9. Vinealis** Brid.

Hab. Sur les vieux murs, en descendant le vallon de la Combe.

114. **B. 10) Gracilis** Schweg.

Hab. Sur les vieux murs, dans le bassin inférieur de l'Arve.

115. **B. 11)** B. **Var. Flaccida.**

Hab. Des mêmes stations.

116. **B. 12) Convoluta** Hedw.

Hab. Fissures de rochers et vieux murs du pont de Peralottaz, Chamonix.

117. **B. 13) Inclinata** Schweg.

Hab. Les alluvions de l'Arve et les vieux murs, dans la plaine de Passy, au pont de la Carbottaz.

118. **B.** 14) **Tortuosa** Web. et Mohr.

Fissures et parois de rochers principalement calcaires, frais, les bois rocheux et siliceux, à Blaitière, en face Chamonix, au Bouchet de Servoz, 800 m., bois de Joux, base de Coupeau, 800 m., entre les deux ponts de Sainte-Marie et de Coupeau, au col de Balme, à 2,200 m., et les chalets d'Arlevé, derrière le Brevent, 2,200 m., les rochers humides, aux Montées, Gorges de la Diozaz.

2. **Var. Typica** Boul.

Hab. Aux Montées.

3. **Var. Fragilifolia** Jurastzk.

Hab. Les Aiguilles-Rouges et col de Balme.

4. **Var. Rigida** B.

Hab. Les rochers, autour des chalets d'Arlevé.

119. **B.** 15) **Fragilis** *Wils in B. Selon M. Davies.*

Hab. Fentes de rochers siliceux, sur la frête, entre Bel-Achat et le Brevent. 10/10 84

120. **B.** 16) **Subulata** Pal., Beauv. Hedw.

Hab. Sur la terre et les rochers felspathiques, au sommet des Montées, Gorges de la Diozaz, 850 m., Montagne de la Côte, Argentière, Alluvions d'Arve, Mont-Chétif, à Courmayeur, au Bouchet de Chamonix et à Valorsine, Barberine.

5. **Var. Augustata** Sch.

Hab. A Courmayeur, base du Mont-Chétif.

6. **Var. Dentata** B.

Hab. Ravin des Nants.

121. **B.** 17) **Mucronifolia** Schwæg.

Hab. Sur les poutres du pont de Chamonix et de Peralottaz et Alluvions Argentière et au Biolet, en face Chamonix.

122. **B. 18) Aciphylla** B. et Schp.

Hab. Sur les blocs et les rochers, dans le bois de sapin du Mont-Chétif, près Courmayeur et le sommet des Aiguilles sur Arlevé, 17 septembre 84.

123. **B. 19. Ruralis** Hedw.

Hab. Sur la terre et les rochers, au sommet des Montées et du gros Béchard, à la Montagne des Faux et du Scez, au Planet, autour de Chamonix, aux Gaillants, au Biolet et au col de Bérard, 2,500 m., le col de Balme, 2,200 m., et autour du glacier du lac Blanc.

124. **B. 20. Intermédia** Mild. Schp.

Hab. Sur les murs et les rochers calcaires du bassin inférieur de l'Arve. (Puget.)

125. **B. 21) Ruralis**, présentant des transitions avec le Accphylla du sommet des Aiguilles-Rouges.

33. GEHEEBIA Schp. *Barbula* Funk.

126. **Caractarum** Schp. *Grimmia. Gigantea* Schp.

Hab. La parois de rocher, à côté de l'entrée du pont et de la porte du contrôle des Gorges de la Diozaz.

TRIBU DES GRIMMIÉES

Familles des Cinclidotées

34. CINCLIDOTUS Schp.

127. **Fontinaloidis** Schp.

Hab. Sur les pierres des ruisseaux et les rivières du bassin inférieur de l'Arve.

128. **C. 2. Riparius** Hrn. B. Schp.

Hab. Les feuilles de celle-ci étant bien plus larges, oblongues, obtuses, serrées autour de la tige obtuse, subaigues très noire sur les blocs siliceux d'un torrent qui descend du Lac Blanc, à 2,200 m., aux Chezerys.

Famille des Grimmiées

36. GRIMMIA.

129. **Triformis de Notaris.**
Hab. Sur les rochers à la base de l'Aiguille de la Glière, sur la Flégère.

130. **G. 2) Apocarpa** HEDW. *Schistidium. Apocarpum.*
Hab. Sur les pierres, les rochers, les murs au Biolet, Chamonix, Songeonnaz.

1. **Var Gracilis** SCHP.
Hab. Courmayeur, aux Montées.

2. **Var Rivularis** N. H. G. *Rivularis* SCHWÆG.
Hab. Autour de Chamonix, Arveyron.

3· **Var Forma robusta.**
Hab. Sur les rochers des Aiguilles-Rouges.

4. **Var Alpicola** SCHP.
Hab. Sur les Aiguilles Rouges.

131. **G. 3) Conferta** FUNK, SCHP. *Schistidium Confertum.*
Hab. Sur les rochers des Posettes, Col de Balme.

132. **G. 4) Anodon** SCHP. *Schistidium Palvmatum* BRID.
Hab. Aux Montées de Servoz et la Tappiaz, à 2,500 m.

133. **G. 5) Crinita** BRID.
Hab. Les vieux murs du bassin inférieur de l'Arve.

134. **G. 6) Orbicularis** B. EUROP.
Hab. Rochers et les murs de pierres sèches, vallée de Valorsine et du bassin de l'Arve.

135. **G. 7) Pulvinata** SEM. B. EUROP.
Hab. Sur les murs et les rochers du bassin moyen et inférieur de l'Arve.

136. G. 8) **Apiculata** Hornschch. *G. Holleri.* Boul.

Hab. Rochers silicieux, Aiguilles-Rouges et Moraine gauche de la mer de Glace.

137. G. 9) **Schultzii** Brid., Wils. *Décipiens* Lin.

Hab. Sur les blocs à Tête-Noire, selon Davies.

138. G. 10) **Contorta** Schp. G. *Incurva* Schwœg.

Hab. Sur les blocs et les rochers silicieux du sommet des Aiguilles-Rouges entre le Brevent et le lac Cornu, 2,300 m., pied ou base de l'Aiguille de Greppon, col de Bérard entre l'Angle et entre la Porter, Mer de Glace.

139. G. 11) **Torguata** Schp.

Hab. Sur les pierres et les rochers silicieux au sommet du Nant des Praz, 1,500 m., Couloir de Taconnaz, 1,700 m., entre les glaciers de Grand et celui du Trient, Aiguille à Rochard, montagne de la Griaz, Col de Salenton, cime des Aiguilles-Rouges vers le lac Cornu, 2,200 m. au-dessus du Bochard et de la Crase à Bérard, à Courmayeur au-dessus de la chapelle de Berryer, Gros Béchard, à la montagne des Faux.

140. G. 12) **Funalis** Schp. G. *Spiralis* Hook.

Hab. Roches et blocs silicieux au-dessus de la Flégère, base de la Glière au-dessus de Lognan sous les Rassaches.

1. **Var. Cernua** B. Europ.

Cernua B. Europ.

Hab. Aiguilles de la Glière sur la Flégère.

2. **Var. Forma robusta.** *Même station.*

Hab. Mer de Glace, Col de Bérard, Montagne de la Côte et au Bouchet, les Pèlerins près Chamonix, les Frêles de Bel-Achat, au Brevent, Aiguille à Rochard, Col de Bérard, Hortaz, Bois de la Jorace et Montanvert.

141. G. 13) **Muhlenbeckii** Schp. *G. Incurva* Schwœg. *G. Trichophylla* Hart.

Hab. Rochers silicieux autour de Chamonix, près des Bossons et en montant de Bel-Achat au Breveret.

142. G. 14) **Trichophlla** Grev.

Hab. Rochers et blocs silicieux autour de Chamonix.

143. G. 15) **Incurva** Schwæg.

Hab. Sur les rochers et les blocs au sommet des Aiguilles-Rouges, du col de Bérard jusqu'au milieu de cette vallée aux Rassaches, sur l'Ognant, aux Grands Mulets, 2,500 à 3,000 m.

144. G. 16) **Hartmann** Schp.

Hab. Sur les blocs de la forêt entre les prés de Venis et la Chapelle de Berryer et entre les chalets de la Balme et d'Arlevé, base de la Floriaz sur la Flégère et du Lac Blanc entre 2,000 à 3,000 m.

145. G. 17) **Elatior** Br. Europ.

Hab. Rochers calcaires vers la croix du Bonhomme et de la vallée du Mont-Joie, Buet.

146. G. 17) **Donniana** Sem. Schp.

Hab. Rochers silicieux à la base de l'Aiguille du Creppon, de Tacconnaz et au Bouchet de Chamonix.

147. G. 19) **Ovata** W. et M.

Hab. Sur les blocs, les murs et les rochers assez répandus autour de Chamonix, de Pierre à Bérard, de Valorsine, vallée de la mer de Glace, Grands-Mulets, 3,000 m.

148. G. 1. **Ovata Var.** *Affinis*. Schp.

Hab. Sur les blocs à Songeonnaz, à la Mollard et aux Nants.

149. G. 2. **Affinis Var robusta**.

Hab. Sur les blocs, Moraine terminale du glacier de la Pendant.

150. G. 20) **Leucophœa** Grev.

Hab. Sur les blocs, les rochers, les pierres siliceuses granitiques du bassin moyen de l'Arve, autour de Chamonix.

151. G. 21) **Commutata** Huben Schp.

Hab. Rochers et blocs siliceux autour de Chamonix, sommet des Montées, base de Coupeau, Bouchet de Chamonix, Lajeout.

152. G. 22) **Montana** B. et Schp.

Hab. Les blocs et rochers siliceux, à la Montée de Merlet, par le chemin de Montquart, base de l'Aiguille-du-Plan, 2,300 m.

153. G. 23) **Anceps** Boulay.

Hab. Sur les blocs et les rochets siliceux à la base de l'Aiguille du Creppon, du Plan et en montant la vallée de Bérard, à gauche du torrent, vers le milieu de la vallée, ainsi qu'autour de la Pierre à Bérard, en montant aux Aiguilles-Rouges depuis le col, sommet du col d'Anclave vers le Bonhomme, au Bouchet, à Chamonix.

154. G. 24) **Alpestris** Schleich.

Hab. Sur les rochers moutonnés, siliceux, en montant de la Flégère au Lac Blanc, 2,100 m , en montant au Montanvert par les Mottets, en traversant de la Crase à Bérard au col de Salenton, Jardin de la Mer de Glace, 2,500 m., Nant des Praz, 1,100 m., Moraines de la Mer de Glace.

155. G. 25) **Sulcata** Sauter.

Hab. Sur les blocs et les rochers siliceux du versant nord des Aiguilles-Rouges et de Pormenaz, les frêtes entre Bel-Achat et le Brevent, autour de Pierre à Bérard, entre la Flégère et le Lac Blanc, 2,100 m.

156. G. 26) **Mollis** B. et Schp.

Hab. Les rigoles rocheuses et siliceuses des ruisseaux alimentés par les neiges fondantes, autour du Lac Blanc, sur la Flégère, 2,300 m., sommet des Aiguilles-Rouges du versant nord de toute la chaîne base de l'Aiguille du Greppon sur Chamonix, autour des lacs Noir et Cornu et entre le col et la Crase de Bérard, sur la Pierre du même nom, sous le glacier de Blaitière, sommet du col d'Anclave, sur le Mont-Jovet, base de l'Aiguille du Tour, sur le glacier de ce nom, limite inférieure, ne descend pas au-dessous de 2,200 à 2,300 m.

157. G. 27) **Oblongata** Kauff, Schp.

Hab. Rochers humides et siliceux à la base de la Loriaz, sur les Montets et en montant au col de Bérard, cime de la Glière, aux Aiguilles-Rouges.

158. G. 28) **Unicolor** Grevil.

Hab. Sur les blocs et rochers siliceux des deux moraines latérales de la Mer de Glace et en montant les Montets, au Montanvert, en traversant les Montées, à Vaudagne, entre 1,000 à 2,000 m.

159. G. 29) **Atrata** Mielichoff.

Hab. Autour du col et de Pierre à Bérard, ainsi qu'aux Grands-Mulets, à 2,500 m.

37. RACOMITRUM Schp.

160. **Patens** Schp. *Trichostomum* Schwœg. *Dryptodon* Bridel, *Grimmia* B. et Schp.

Hab. Rochers moutonnés et les blocs siliceux, à la Tappiaz, sur toute la chaîne du revers nord des Aiguilles-Rouges, les Charmoz, Courmayeur, vers la Chapelle de Berryer, au Montanvert, en montant au Lac Blanc, sur la Flégère, source d'Arveyron, à la Filliaz, au Cougnon près Chamonix, dans la vallée de Bérard et aux Pèlerins, près de la Cascade, entre 1050 à 2,000 m.

161. R. 2) **Aciculare** Brid. Schp.

Hab. Sur la terre et les pierres humides, aux Montées, à la Forclaz, sur les Montées, Vallon du Châtelard, à Servoz, 850 m.

162. R. 3) **Protensum** B. Europ.

Hab. Sur les rochers moutonnés inclinés, aux Montées de Servoz, à côté du torrent et de la cascade du Dard, Chamonix, 1,100 m.

163. R 4) **Sudeticum**, *Sudeticum* B. et Schp.

Hab Rochers siliceux, découverts, autour de Pierre à Bérard, 2,200 m., et tout le versant nord des Aiguilles-Rouges, au Cougnon, en face de Chamonix, au bois de Joux, 800 m., Notre-Dame de la Gorge. (Puget.)

Var. Validius Juratzk.

Hab. Autour de Pierre à Bérard et la Loriaz.

164. **R.** 5) **Heterostichum** Brid. *Trichostomum* Brid. Hedw.

Hab. Sur les rochers découverts, le long du torrent du Greppon et à Songeonnaz, 1,100 m. et à Notre-Dame de la Gorge, Biolet.

Var. Alopecurum Hueb., Brid., Schp.

Hab. Surface des rochers découverts, à la montagne des Faux, au gros Béchard.

Var. Alpestre Schp. *in litt.*

Hab. Autour de Chamonix, à Hortaz.

165. **R.** 6) **Fasciculare.**

Hab. Surface verticale des rochers siliceux, à la Montagne de Tacconnaz, aux Montées, au Cougnon, en face Chamonix, (à Notre-Dame de la Gorge). (Puget.)

166. **R.** 6) **Microcarpon** Hedw. *Wahl. Trich.* Brid. *R. Ramulosum* Linds., Brid.

Hab. Rochers siliceux, découverts, à Servoz, aux Montées, autour de Chamonix et aux Grands-Mulets, à 3,000 m.

167. **R.** 8) **Lanugisnosum** Brid., B. et Schp.

Hab. Sur les rochers inclinés, siliceux, aux Aiguilles-Rouges, autour de Pierre à Bérard, 2,200 m., en montant le gros Béchard et à l'Aiguille de la Loriaz, sur les Montets, base de l'Aiguille du Midi, à 2,300 m. et (à Notre-Dame de la Gorge.)

168. **R.** 9) **Var. Alpestres** Schp. J. Muller.

Hab. Aux Grands-Mulets, à 3,000 m. et autour de Carlaveyron.

169. **R.** 10) **Canescens** Brid. *Trichost Canescem* Hedw.

Hab. Sur le sable morainique, siliceux, de tous les glaciers qui descend de cette chaine, très abondant le long de l'Arveyron, au Bouchet, aux Bossons, à Tacconnaz, Argentière.

2 **Var. Prolixum** Schp.

Hab. Sur le sable, autour de la Chapelle de Berryer, Courmayeur.

3. **Var. Ericoïdes** Schp.

Hab. Egalement sur le sable, au Bouchet de Chamonix où il est abondant, 1050 m.

4 **Var. Epilosum** Boul.

Hab. Sur les rochers de la base de l'Aiguille du Midi, à 2,500 m.

5 **Var. Alpina** Boul. *in litt.*

Hab. Aux Aiguilles-Rouges.

Famille des Hedwigiées

38. **HEDWIGÉES**

170. **Hedwigia** Ehrh. *Hedwigia Albicons* Linds. *Ciliata* Ehrh.

Hab. Les rochers siliceux, aux Montées de Servoz, à Tête-Noire, (à Saint-Gervais-les-Bains). (Puget).

171. **H.** 2) **Var. Leucophœa** Schp.

Hab. A la cascade de Bérard, Valorsine et du Dard, Chamonix.

172. **H.** 3) **Var. Secunda** Schp.

Hab. Environs des Contamines et de Chamonix. (J. Muller.)

39. **COSCINODON** Sprengel

173. **Pulvinatus** Spreng.

Hab. Reconnue par M. Schimp. dans mon herbier, mais sans en indiquer la localité.

Famille des Ptychomitriées

40. **PTYCHOMITRIUM** B. et Schp.

174. **Polyphyllum** B. et Schp.

Hab. Rochers et blocs siliceux, ombragés, au ravin des Nants.

Famille des Zygodontées

41. AMPHORIDIUM Schp.

175. **Lapponicum** Schp.

Hab. Parois verticales de rochers siliceux, en traversant des chalets de la Balme à ceux d'Arlevé. 17/8 84.

176. **A 2) Mougeotii** Schp.

Hab. Parois de rochers siliceux, en traversant des chalets de la Balme à ceux d'Arlevé, 17/8 84, et au Cougnon, en face de Chamonix, au bois Magnin, au dessus de la Flégère, sommet de Songeonnaz, le long du torrent des Pèlerins, en montant le couloir du vallon de Taccoonnaz et aux Rassaches sur Argentière, en allant des chalets de Sur le Rocher à la Tappiaz au vallon des Faux et en traversant des Bossons aux Pèlerins.

42. ZYGODON Schp.

177. **Forsteri** Wils. *Zygodon conoïdeus.* B. Eu.

Hab. Sur lee troncs d'ormes ou de peupliers, dans le bassin inférieur de l'Arve.

178. **Z 2) Viridissimus** Brid.

Hab. Troncs d'arbres, près des chemins du même bassin et localité que la précédente, ne s'élève qu'exceptionnellement au-dessus de 500 à 800 m.

Famille des Orthotrichées

43. ULOTA Mohr.

179. **Crispa** Brid., Schp.

Hab. Sur les troncs et les branches de sapins, dans presque toutes nos forêts du périmètre de ce guide ainsi que le suivant.

180. **U. 2) Crispula** Br. in Brid.

Hab. Mêmes stations, autour de Chamonix, les deux espèces doivent être réunies en une seule d'après les nombreuses formes de transitions de l'une à l'autre.

181. U. 3) **Hutchinsia** SCHP.

Hab. Sur les blocs siliceux autour de Chamonix, au Cougnon, Rochers du Scez, sous Caillet, forêt de Songeonnaz.

44. ORTHOTRICHUM HEDW.

182. **Anomalum** HEDW. *O. Saxalite* BRID.

Hab. Sur les pierres, sur les rochers et les bois, au Bouchet, autour de Chamouix et de Courmayeur, la chapelle Berryer.

183. O. 2) **Cupulatum** HOFFN.

Hab. Sur les pierres, dans les ruisseaux du bassin moyen et inférieur de l'Arve.

184. O. 3) **Sturnii** HOFFN. *Var. du suivant.*

Hab. Sur les pierres et les murs, au Bouchet, Chamonix.

185. O. 4) **Rupestre** SCHLEICH.

Hab. Sur les blocs siliceux granitiques de la forêt de Songeonaz, Bionnassay et au Bouchet et aux Grands-Mulets, à 3000 m.

Var. Alpicola BOUL. *in litt.*

Hab. Songeonaz.

186. O. 5) **Obtusifolium** SCHRAD.

Hab. Sur les trons d'arbres et de sapins, au Bouchet, près Chamonix, en descendant la Forclaz, Martigny.

187. O. 6) **Speciosum** NEES.

Hab. Troncs de sapins et d'autres essences des environs de Chamonix, Bois de Joux à Servoz, au Biolet près Chamonix, au Bouchet, Songeonaz.

188. O. 7) **Affine** SCHRAD B. et SCHP.

Hab. Sur les troncs et branches d'arbres, aux alentours de Chamonix et de Servoz.

Var. Fastigiatum HUSP. BRUCH. IN BRID.

Hab. Bouchet, Chamonix, sur les frênes à St-Gervais. (PUGET.)

189. O. 8) **Patens** Bruch in Brid.

Hab. Snr le tronc des arbres de toute notre circonscription inférieure et Aranthon.

190. O. 9) **Stramineum** Hornsch.

Hab. Variété du précédent, du bassin moyen et inférieur de l'Arve.

191. O. 10) **Fallax** B. et Schp. *O. Pumilum* Sw.

Hab. ? ?

Var. Tenellum Bruch in Brid.

Hab. Sur les troncs du bassin inférieur de l'Arve, Aranthon. (Puget.)

192. O. 11) **Pallens** Bruch in Brid.

Hab. Sur les saules près de Martigny, Davies.

193. O. 12) **Diaphanum** Schrad.

Hab. Sur les troncs d'arbres, près des habitations du bassin moyen et inférieur de l'Arve, Aranthon. (Puget.)

194. O. 13) **Lyellii** Hook.

Hab. Sur les troncs d'arbres, frênes et sapins, autour de Chamonix et aux Gorges de la Diozaz.

105. O. 14) **Leiocarpum** B. et Schp.

Hab. Sur les sapins et les pierres au Nant des Praz, au Bouchet, à Hortaz, au Biolet sur les frênes.

Famille des Encalyptées

45. ENCALYPTA Schrad.

196. **Commutata** Nées et Horn.

Hab. Sur la terre et les fissures de rochers, à la Griaz, sur les souches, à la Croix de fer, près le col de Balme. Les faîtes entre Bel-Achat et le Brévent.

197. E. 2) **Vulgaris** Hedw.

Hab. Sur la terre des collines, les vieux murs de tout notre bassin moyen et inférieur de l'Arve.

198. E. 3) **Rhabdocarpa** Schweg.

Hab. Fissures de rochers herbeux, au sommet de la montagne des Faux, au bois Magnin, sur le col de Balme, Aiguilles-Rouges, aux Montées de Servoz entre 800 à 2,200 m., Nant des Praz, et col d'Aranthon.

199. E. 4) **Ciliata** Hedw.

Hab. Fissures de rochers siliceux ou calcaires indifféremment sur l'aiguille à Bochard, les Montées aux Chavans, Sainte-Marie, aux Aiguilles-Rouhes, au bois Magnin, autour de Barb'.ine, à la Tête-Nooire, au Nant Profond près des Bossons, au Greppon, à Hortaz, au Mont-Vautier, sur Servoz, au Lais, sur Chamonix entre les deux ponts Sainte-Marie et Coupeau.

200. E. 5) **Var. Microstoma** Schp.

Hab. Fissures de rochers siliceux aux Mottets, sous le Montanvert, Carlaveyron, sur les Aiguilles-Rouges.

201. E. 6) **Apophysata** Nées. B. et Schp. *E. Affinis de Not.*

Hab. Sur la terre et les fissures des rochers, au bois Magnin, dans la vallée du Trient.

202. E. 7) **Streptocarpa** Hedw.

Hab. Fissures de rochers calcaires et siliceux du côté des Montées, à Bocher.

Famille des Tétraphidées.

46. TETAPHIS Hedw.

203. **Pellucida** Linn.

Hab. Sur les souches pourries ou en décomposition, principalement dans toute l'étendue de notre circonscription, entre 500 à 2,000 m.

Famille des Tayloriées

47. DISSODON Grev.

204. **Frœlichianus** Grev.

Hab. Fissures de rochers et sur l'humus des dépressions herbeuses, sur le versant nord des Aiguilles-Rouges, au nord du lac Cornu.

48. TAYLORIA Hook

205. **Splachnoïdes** Hook.

Hab. Au pied des vieux sapins qui tombent en décomposition, vallée de Chamonix.

206. **T. 2) Serrata** Schp.

Hab. Sur la terre des petits creux des pentes rocheuses, aux Aiguilles-Rouges et en montant au bois de la Jorace, sous le Montanvert.

1 **Var. Tenuis** Diks.

Hab. Sur la terre, aux Aiguilles-Rouges et à la base de la Loriaz, sur Tête-Rouge, près les Moyens de la Poya, à l'entrée de la vallée de Bérard.

Famille des Splachnées

49. TETRAPLODON B. et Schp.

207. **Augustatum** B. Europ.

Hab. Sur les dégorgements des mines de Sainte-Marie, aux Montees. Unique localité connue.

50. SPLACHNUM Lin.

208. **Ampulaceum** Linn.

Hab. Sur la terre de bruyère, au bois de la Jorace, sous le Montanvert.

Familles des Physcomitrées

51. PHYSCOMITRIUM Brid.

209. **Pyriforme** Schp.

Hab. Sur la terre, au bord des fossés, des rigoles du bassin moyen et inférieur de l'Arve.

210. **P. 2) Fascicularis** B. et Schp.

Hab. Station de la précédente du bassin moyen et inférieur.

52. FUNARIA

211. Calcarea Wahlb. *F. Wahlenbergii* Schwæg.

Hab. Sur la terre, au pied des murs et sur les rochers, aux alentours de la Tour de la Batiaz, Martigny. (Davies)

212. F. 2) Hygrometrica Hedw.

Hab. Sur la terre, au pied des murs surtout, dans les emplacements de charbonnière, dans tout notre champ d'exploration.

Famille des Bryées

53. LEPTOBRYUM Schp.

213. Pyriforme Schp.

Hab. Sur la terre et les fissures de rochers et les emplacements des charbonnières, entre 450 à 3,400 m. comme aux Grands Mulets ; elle est peut-être celle qui s'élève le plus haut dans les Alpes.

54. WEBERA Schp., *Pohlia* Hoppe. *Bryum* B. Eur.

214. 1) Acuminata Schp. *P. Acuminata* Hoppe.

Hab. Sur la terre escarpée des forêts de la Griaz, Tacconnaz et le Bouchet.

215. W. 2) Polymorpha Schp.

Hab. Sur la terre et les fissures de rochers siliceux, sur le revers nord des Aiguilles-Rouges et à la montagne de la Griaz et Tacconnaz.

216. W. 1) Var. Stricta Schp.

Hab. Sur les rochers siliceux, aux Gaillands près de Chamonix.

217. W. Var. 2. Gracilis Schp.

Hab. Sur la terre siliceuse, au Bouchet.

218. W. 3) Elongata Schp. *Bryum Elongatum* Dicks.

Hab. Sur la terre sablonneuse et les rochers, dans les bois de sapins de la Griaz, au Pont de Peralottaz, Torrent des Praz d'en bas, aux Montées.

219. **W. Var. I. Robusta** Boul. *in Herb.*

Hab. Chozalet, bord du glacier d'Argentière, base du gros Perron, à l'entrée de la vallée de Bérard, rochers du couloir du Châble, base du Brevent, bois de la Jorace, gorge de la Diozaz.

W. Var. II. Major avec une capsule très allongée.

Hab. Gorges de la Diozaz.

W. Var. III. Macrocarpa Schp.

Hab. Sur la terre sablonneuse, au sommet de Songeonnaz.

W. Var. IV. Humilis Schp.

Hab. Forêt de la Griaz, bord du Glacier des Bois, sous la Jorace.

W. Var. V. Alpinum B. Europ. *Bryum*, *Longicollum*, *Wabera*, *Longicolla* Schp. Hedw.

Hab. Sur la terre et les rochers, au sommet des Montées, aux Pèlerins, La Paraz, La Jorace, au bord du glacier La Griaz, au Grephon.

220. **W.** (6) **Nutans** Schp.

Hab. Sur la terre sablonneuse des forêts, très répandues dans toute notre circonscription, en prenant des formes très variées selon les stations qu'elles occupent.

W. 11) Var. I. Cœspitosa Schp.

Hab. Au Bouchet, Sainte-Marie, aux Montées.

W. 12) Var. II. Strangulata Schp.

Hab. La Jorace, La Diozaz, sommet de Songeonnaz et Châtelard.

W. 13) Var. III. Sphagnetorum Schp.

Hab. Base de la Loriaz.

W. 14) Var. IV. Longisetum Boul. *in Herb.*

Hab. Aux Montées, bois de la Griaz, aux Pèlerins.

W. 15) Var V. Anguistatum Boul.

Hab. Sommet de Songeonnaz.

W. Var. VI. Uliginosa Schp.

Hab. La Griaz.

221. **W.** (7) **Cucculata** Schp.

Hab. Lieux sablonneux, siliceux des moraines granitiques des glaciers de cette vallée, base de l'aiguille du Tour aiguille, à Bochard, Jardin de la Mer de Glace, le versant nord des Aiguilles-Rouges, base de la Loriaz et les frêtes d'Anterne.

W. Var. I. Nigrita Toute la plante moins la capsule absolument noirâtre.

Hab. Les Rassaches, sur l'Ognant.

222. **W.** (8) **Cruda** Schp.

Hab. Schp. Sur la terre du talus des sentiers, dans la forêt de la Griaz du Nant des Praz, les champs au Biolet près Chamonix, bois de la Jorace, Vaudagne, au Bouchet de Chamonix, gorges de la Diozaz, bois Magnin, aux Pèlerins, sommet de Songeonnaz, Mer de Glace, les Montées, forêt de Liautraz et col d'Antherne, 2,200 m.

223. **W.** (9) **Ludwigii** Schp. *Bryum Ludwigii* Schw.

Hab. Sur la terre humide et froide du revers nord des Aiguilles-Rouges, sur Arlevé et sur l'Ognant Argentière.

W. 1) Var. Latifolia Schp.

Hab. Sur la terre et les rochers moutonnés, siliceux, en allant de la Flégère au Lac Blanc, ainsi qu'aux alentours du lac Cornu.

224. **W.** (10) **Commutata** Schp.

Hab. Sur la terre sablonneuse, siliceuse, morainique, les alluvions d'Arveyron et des torrents glaciaires abondants au Bouchet de Chamonix, au bord de la Mer de Glace, les Mottets.

W. I. Var. Glacile Schp.

Hab. Moraines du glacier d'Argentière, des Bossons à Songeonaz, sur le beton au Bouchet.

W. II. Var. Elongata Schp. *Bryum Filicum* Schp.

Hab. Sur la plus ancienne moraine latérale du glacier des Bossons, à la hauteur du sommet de la forêt de Songeonnaz ou du second plateau.

225. **W. (11) Albicans** Schp.

Hab. Dans les rigoles, sur les pierres, dans la vallée de Bérard, près des sources, sous le col de Balme, au Pscheux, sous la Loriaz, sur les Montets.

W. I. Var. Glacialis Schp.

Hab. Sur les rochers, près des sources et des rigoles, sur le revers nord des Aiguilles-Rouges, près d'Arlevé, aux sources des chutes du Pscheux, près le col de Balme, près du chalet de l'Ognant, sur Argentière, à la base de l'Aiguille du Tour.

W. II. Forma Robusta B. *in Hert.*

Hab. Sommet de Songeonnaz et bois Magnin.

(38) (1) **BRYUM** Dill.

226. 1. **Carneum** Lin. *Webera Carnea* Schp.

Hab. Sur la terre des gorges de la Diozaz et au couloir de la Montagne de la Côte, contre le glacier des Bossons.

B. Var. I. Pulchellum Boul. *Bryum Pulchellum Webera Pulchella* Schp. Hedw.

Hab. Sur la terre et les rochers, en traversant l'Aiguille à Bochard, sur le Chapeau, au sommet du Mont-Joly (J. Muller)

227. **B. 2) Carinatum** Boul.

Hab. Sur la terre, dans les fissures de rochers siliceux, sur le versant nord des Aiguilles-Rouges, sur Arlevé et sur le flanc de l'Aiguille à Bochard, regardant la Mer de Glace, Grands-Mulets, à 3,500 m., Rassaches, sur Pierre Pointue, autour du col de Balme, base de l'Aiguille de Greppon, en montant de Bel-Achat au Brevent. 5/11 84.

228. **B. 3) Pendulum** Schp.

Hab. Sur le sable betonneux au Bouchet, aux Pèlerins, à Songeonnaz, à la Filliaz.

229. **B. 4) Imbricatum** Br. et Schp.

Hab. Sur la terre humide, aux Aiguilles-Rouges, sur le lac Cornu.

230. **B.** 5) **Inclinatum** B. et Schp.

Hab. Sur le sable granitique, moraine latérale de la Mer de Glace.

231. **B.** 6) **Fallax** Milde Schp.

Hab. Sur la terre graveleuse et fissures de rochers en montant au col de Balme, Charamillon et la moraine du Glacier de l'Ognant, sous les Rassaches.

232. **B.** 7) **Œneum Blytt ?** Selon certains auteurs, tandis que d'autres ne peuvent la rattacher à aucune autre espèce connue.

233. **B.** 8) **Cirrhatum** Hopp.

Hab. Fissures de rochers et sur le sable fin siliceux, au Bouchet de Chamonix et à l'Aiguille à Bochard.

234. **B.** 9) **Bimum** Schreb.

Hab. Marais des grandes places au Bouchet, commune dans tous les marécages de notre circonscription.

235. **B.** 10) **Cuspidatum** Schp. *Webera Affinis* Br.

Hab. Fissures de rochers, aux gorges de la Diozaz et à Mont-Vautier, Servoz et en montant à la Mer de Glace.

236. **B.** 11) **Torquescens** B. et Schp.

Hab. Sur la terre, au pied des murs, dans notre circonscription inférieure du bassin de l'Arve (J. Muller).

237. **B.** 12) **Pallescens** Schlech, Schwœg.

Hab. Fissures de rochers humides, à la Tête-Noire, près de l'Hôtel, Aiguille à Bochard, moraine de la Mer de Glace, les Aiguilles-Rouges, près du lac Cornu, Songeonnaz et vallée de Bérard.

238. **B.** 13) **Var. Supra Alpina** Boul. B. *Subrotundum* Brid.

Hab. Sur la terre et les rochers, en allant au Lac Blanc, sur la Flégère.

239. **B. 14) Alpinum** Lin. *La forme typique de l'espèce* est caractérisée par un gazon ferme, dense et surtout à reflets métalliques.

Hab. Sur les rochers humides, au-dessus de la cascade des Pèlerins, entre les champs, et en montant des Mayens de la Paya à la cascade de Bérard, versant des Aiguilles-Rouges, aux Montées, Montagne de la Côte, gorges de la Diozaz, Tête-Rouge, sur la Poya, rochers moutonnés, sur Salvan près le Triège.

B. 1 **Var. Gemmiparum de Notaris.**

Hab. Aux Mottets, sous le Montanvert et entre les ponts de Sainte-Marie et Coupeau.

B. 2 **Var. Mediterraneum** Boul.

Hab. Les fissures rocheuses aux Mottets.

240. **B. 15) Muehlenbeckii** B. et Schp.

Hab. Rochers humides près des rigoles, versant nord des Aiguilles-Rouges, vers le lac Cornu, près du col de Balme, le Buet.

241 **B. 16) Mildeanum Juratz.**

Hab. Fissures de rochers, source de l'Arveyron.

242. **B. 17) Cœspititium** Linn.

Hab. Fissures de rochers à Sainte-Marie, aux Montées, au Bouchet de Chamonix, entre la route et l'Arve, sous Coupeau.

243. **B. 18) Funckii** B. et Schp, Schwoeg.

Hab. A la source d'Arveyron, sous les Mottets.

244. **B. 19) Blindii** Bruch et Schp.

Hab. Fissures de rochers, aux Montées et autour de Sainte-Marie.

245. **B. 20) Argenteum** Linn.

Hab. Sur la terre sablonneuse des chemins des jardins, autour de Chamonix.

B. 1 **Var. Marjus** Schp.

Hab. Les murs humides de pierres sèches, autour de Chamonix.

B. II. **Var. Lanatum** Schp.

Hab. Mêmes lieux.

246. **B.** 21) **Capillare** Linn.

Hab. Fissures de rochers, base des troncs ou sur les racines, commun dans toute notre circonscription géographique.

B. I. **Var. Vulgare** Boul.

Hab. Chamonix, les bois du Planet, au Bouchet et aux Aiguilles-Rouges.

B. II. **Cuspidatum** Schp.

Hab. Environs de Chamonix.

B. III. **Var. Ferchelii** Sch.

Hab. Sur la terre et les murs, au revers méridional du Mont-Blanc, à Courmayeur et aux Montées de Servoz, Hortaz.

B. IV. **Var. Angustata** Boul.

Hab. Tige courte, assez dense, feuille étroite, au Bouchet.

B. V. **Var. Densifolia.**

Hab. Feuilles très étroites, denses, au Bouchet.

247. **B.** 22) **Elegans Nées** Schp.

Hab. Fissures de rochers des lieux humides, à droite de l'Eau-Noire, dans la vallée de Bérard et en montant aux cimes des Aiguilles-Rouges, depuis la Flégère, ayant certaines analogies avec la variété du *B. Capillare Var Ferchelii.*

248 **B.** 23) **Duvalii** *voit in St.*

Hab. Dans les rigoles qui descendent des faites aux Aiguilles-Rouges et au col de Balme.

249. **B.** 24) **Payotii** Schp. *in Syn. B.* tenue Ravaud.

Hab. Fissures de rochers humides, aux Mottets, sous le Montanvert, au col de Fenêtre, près le Grand-Saint-Bernard, localité classique, revers nord des Aiguilles-Rouges sur Arlevé et le revers sud de la même chaine, au-dessus de la Flégère et sous le glacier des Rassaches, sur l'Ognant Argentière.

250. **B.** 25) **Cyclophyllum ? ?** Schwœg.

Hab. Détermination incertaine par suite de sa stérilité, au Bouchet.

251 **B.** 26) **Pallens** Sw.

Hab. Sur la terre et rochers fissurés, humides, entre le pont de Sainte-Marie et celui de Coupeau, entre la route et l'Arve, Songeonnaz, Nant Profond, Aiguilles-Rouges.

252. **B.** 27) **Pseudotriquetrum** Schwœg.

Lieux humides des forêts et des marécages, dans toute l'étendue de notre champ d'étude, notamment au Bouchet, le long du Nant du Dard.

B. I. **Var. Gracilescens** Schp.

Hab. Bouchet.

B. II. **Var. Flaccidum** Schp.

Hab. Vaudagne.

B. III. **Var. Compactum** Schp.

Hab. Carlaveyron et marécages de Valorsine.

253. **B.** 28) **Turbinatum** Schwœg. *Var. Latifolium* B. et Schp. *Bryum Schleicheri* Schwœg. *B. Schleicheri, Var Latifolium* Schp.

Hab. Fertile dans les marécages, en montant au Col de Balme, en traversant les Chys de l'Aiguille à Bochard, à Pormenaz entre les champs et Argentière, au bord de l'Arve, dans la vallée de Bérard et autour de Chamonix, les alluvions de l'Arve.

Var. Schleicheri Schp. Diffère du *B. Latifolium* ci-dessus.

Hab. Vallon de la Floriaz, aux Aiguilles-Rouges, Glacier des Bois, près de la Jorace.

254. **B.** 29) **Roseum** Schreb.

Hab. Sur la terre, dans les bois humides, aux Montées, sous les Chavans.

255. **B. 30) Filiforme** Dicks, *Bryum*, *Julaceum* Smith. *Anomobryum*, *Julaceum* Schp.

Hab. Dans les rigoles qui descendent par les Mottets de la base de la Mer de Glace, à la source de l'Arveyron et au Bouchet près Chamonix.

256. **B. 31) Filum** Schp.

Hab. Sur le sable granitique du sommet de Songeonnaz.

40. ZIERA Schp.

257. **Bryum Zieri** Dicks. *Julacea* Schp. *Plageobrym Zieri* Linds.

Hab. Fissures de rochers humides des cascades du Fouilly, près Chamonix, des Pèlerins et du Dard, aux Chavans, sommet du bois Magnin, aux Montées, Gorges de la Diozaz, Sainte-Marie et Tête-Noire.

41. MNIUM Linn.

258. **1) Cuspidatum** Hedw.

Hab. Base des troncs, sur les souches des bois de sapins ou d'aulnes, au Bouchet et dans toute notre circonscription assez répandue.

259. **M. 2) Affine** Bland.

Hab. Sur la terre et le sable frais découvert, bien moins fréquent que le précédent, bassin inférieur de l'Arve et Jardin de la Mer de Glace, 3,000 m.

260. **M. 3) Undulatum** Meck.

Hab. Sur la terre et les pierres humides, au Bouchet et est assez fréquent dans tout notre périmètre.

261. **M. 4. Medium** B. et Schp.

Hab. Sur la terre, près des ruisseaux, dans les bois de la vallée de Bérard.

262. **M.** 5) **Rostratum** Schwœg.

Hab. Sur la terre et les rochers, les troncs et les souches de toute nature, au Bouchet, aux Chavans, aux Montées et dans tout notre périmètre.

263. **M.** 6) **Hornum** Linn.

Hab. Les rochers ombragés, humides, les bois et les Montées, aux Chavans, au Châtelard, près Servoz et près de la Tète-Noire.

264. **M.** 7) **Serratum** Schrad. *M. Marginatum* Linbd.

Hab. Fissures de rochers frais, ombragés, aux Gorges de la Diozaz, vers la chapelle de Vaudagne, à Servoz, Sainte-Marie et Saint-Gervais, Mont-Chétif, à Courmayeur.

M. Var. Depauperata M.

Hab. Au Mont-Vautier et au Larzet, Couloir des Nants, Tète-Noire, aux Gorges mystérieuses et aux zigzags de Salvan.

265. **M.** 8) **Orthorynchum** B. et Schp.

Hab. Fissures de rochers, sur la terre des lieux ombragés, obscurs des forêts du vallon du Châtelard, Servoz, aux Montées, au bois Magnin, aux Pèlerins, Nant Profond, Sainte-Marie, La Griaz et base du Mont-Chétif, à Courmayeur, Gorges mystérieuses, à Tête-Noire.

266. **M.** 9) **Lycopodioïdes** Hook.

Hab. Sur les sables granitiques, dans les bois de sapins, aux Pèlerins, dans les bois à Sixt. (J. Muller).

267. **M.** 10) **Spinosum** Schwœg.

Hab. Sur les pierres et les rochers, en descendant des frètes des Aiguilles-Rouges, au lac Cornu et au Bouchet, à Chamonix.

268. **M.** 11) **Spinulosum** B. et Schp.

Hab. Dans les bois, sous les sapins, près des rigoles, aux Montées, sous le moulin des Chavans et en descendant depuis la chapelle de Vaudagne à la grande route, dans une forêt près des Contamines (J. Muller).

269. **M. 12) Stellare** Hedw.

Hab. Les bois ombragés et les rochers humides, aux Gorges de la Diozaz et les Montées.

270. **M. 13) Punctatum** Hedw.

Hab. Répandu sur les souches et les rochers humides, aux Mottets, Col de Balme, Mont-Vautier, à la Frasse, aux Favrants, dans les bois d'aulnes, des alentours de Chamonix, 1050 m., jusqu'au Jardin de la Mer de Glace, 2,500 m., au Bouchet, Sainte-Marie, Gorges de la Diozaz et Vaudagne.

1. **M. Var. Fallax** ou **Elatum** Schp.

Hab. Au Bouchet de Chamonix et au Mont-Joly. (J. Muller)

Famille des Ambliodontées

42. **AMBLIODON** Paliss de Beauvr.

271. **Dealbatus** Schp.

Hab. Près des petites rigoles, dans les fissures de rochers, aux alentours de Sainte-Marie.

Famille des Meesiées

43. **CATOSCOPIUM** Brid.

272. **Nigritum** Brid.

Hab. Sur la terre découverte, en montant au Col de Balme, sous Charamillon, dans l'Allée Blanche, en face d'Entrèves. (J. Muller.

44. **MEESIA** Hedw. *Meesia Trichodes* Spruce

273. **Uliginosa** Hedw. *Bryum Trichodes* Linn.

Hab. Lieux humides, sablonneux du Mont-Vautier, sur Servoz.

M. Var. Alpina Schp. *Meesia Alpina* Funk.

Hab. Dans les petits cours d'eau qui descendent du Buet, du Mont-Vautier, à la base de l'Aiguille du Greppon, les Aiguilles-Rouges, sur Arlevé, sommet du bois Magnin, bois de la Griaz.

Famille des Aulacomniées

45. **AULACOMNIUM** Schwœg. *Bryum Andragymum.*

274. **Andragynum** Schwœg.

Hab. Fissures de rochers ombragés, sous les souches décomposées et sur la terre même, en montant par le bois des Follières et aux Frachires, ainsi que du Larzet, à la source des Nants, sur Chamonix.

275. **A.** 2) **Palustre** Schwœg. *Palustre* Sw.

Hab. Tourbières et marécages, autour de Chamonix, au Bouchet.

A. I. **Var. Fasciculare** Schp.

Hab. Leschaud.

A. II. **Var. Congestum** Boul.

Hab. Bouchet.

A. III. **Polycephalum** Brid.

Hab. En montant le Mont-Lachat, le Larzet, près des sources des Nants et aux Chavans, les Montées.

A. IV. **Var. Alpestre** Schwœg. *Imbricatum.*

Hab. Passant à la var, vers les sources des Nants, sous le Larzet, le Col de Balme, vers la limite frontière.

A. V. **Var. Imbricatum** Schp.

Hab. Diffère à peine des *A Turgidum* de Norweige, parmi les débris de rochers, en descendant du sommet du col, au lac Cornu.

Famille des Bartramies

46. **BARTRAMIA** Hedw.

276. **Ithiphylla** Brid.

Hab. Fissures de rochers siliceux, au-dessus du pavillon de la Flégère, cime de la Glière, en montant à Plampraz, Aiguilles-Rouges, autour de Pierre à Bérard, au pied du Grand-Bois, limite inférieure, 1,100 m.

277. **B.** 2) **Pomiformis** Hedw.

Hab. Fissures de rochers humides, aux Montées, au Mont-Vautier, au Châtelard, au Bouchet, au bois Magnin, cîme du Gros Béchard, de Servoz, sous l'Aiguille du Gouté et sur beaucoup d'autres points, aux Grands Mulets, à 3,500 m.

278. **B.** 3) **Hallériana** Hedw.

Hab. Fissures de rochers ombragés, au Cougnon, en face Chamonix, sur le chemin de la Tète-Noire, base de l'Aiguille du Tour, au pied de la Filliaz, aux Pèlerins, au Liapet, au Nant Profond, à Coupeau, à Hortaz, le long du Nant du Dard, du Greppon, la Jorace, entre 1,050 à 1,500 m. au maximum.

279. **B.** 4) **Œderi** Schwœg.

Hab. Fissures de rochers ombragés, aux Gorges mystérieuses, sous Tête-Noire, au Châtelard, à Servoz, au Montanvert, à Tacconnaz, Aiguille à Bochard, autour de Sainte-Marie, aux Montées, à Pierre, à l'Echelle, à Hortaz, Gorge de la Diozaz, près le Glacier des Bossons, la Griaz.

47. PHILONOTIS Brid.

280. **Marchica** Brid. ? ?

Hab. Son état de stérilité étiolée lui donne un point de doute sur sa certitude, aux Rassaches, entre Pierre Pointue et à l'Echelle.

281 **P.** 2) **Seriata** Mitten.

Hab. Selon G. Davies, quoique fertile est dans le même cas, entre la Vacherie et l'Hospice du Grand-Saint-Bernard.

282. **P.** 3) **Fontana** Brid. *Mnium Fontanum* Linn.

Hab. Au bord des sources et fort commune dans tout notre champ d'exploration, autour du Mont-Blanc, jusqu'à 2,500 m., au Bouchet de Chamonix et aux Mottets, sous la Mer de Glace, où il fructifie même sous la neige.

283. **P.** 4) **Fontana** *Var. Glaucescens* Schp. *in Huesnot.*

Hab. Mont-Joly, base de l'Aiguille du Tour, Nant Profond, autour de Pierre à Bérard, aux Rassaches, sur Pierre Pointue, à Songeonnaz, base de la Loriaz, Aiguille à Bochard, au-dessus de l'Ognant, Argentière et de Grande au-dessus du Trient.

1. *P.* **Var. Falcata** Schp.

Hab. Bord de Mer de Glace (Puget), Bouchet de Chamonix et col d'Anterne, Calaveyron, Aiguilles-Rouges, à l'Ognant et à la Pendant.

284. **P.** 5) **Cœspitosa** Schp.

Hab. Rochers suintant l'humidité, au bord du Glacier de l'Aiguille-Verte, sur l'Ognant.

285. **P.** 6) **Alpestre** ou **Alpina** Schp.

Hab. Base des Becs-Rouges, sur Charamillon, près du Col de Balme.

286. **P.** 7) **Calcarea** Schp. *Bartrama Calcarea* B. Europ.

Hab. Lieux marécageux et les petits ruisseaux d'eau stagnante au Bouchet, à l'Aiguille, à Bocchard.

Famille des Timmiées

48. **TIMMIA** Hedw

287. **Austriaca** Hedw.

Hab. Dans les creux des lieux abrités, ombrages, aux Pécle-rays, sur le village d'Argentière, très abondant dans toute l'étendue de la forêt de Songeonnaz et des Pèlerins, aux Gorges mystérieuses, sous Tête-Noire, vers le milieu de la vallée de Bérard, la Jorace, sous le Montanvert, Gorges de la Diozaz, Valorsine, sous un grand bloc de la moraine du Glacier de la Pendant, sur l'Ognant, aux Aiguilles-Rouges, Chalet du Planet et la forêt des Chosalets.

Var. Alpina *Compacta* ou *Imbricata* Boul. *in Hert.*

Hab. Aiguilles-Rouges.

288. T. 2) **Megapolitana** Hedw.

Hab. Sous les blocs, dans la forêt du Val-Venis, à la base du Mont-Chétif, Courmayeur et au-dessus du village de la Scierie, près du Chemin.

Famille des Polytrichées

49. **ATRICHUM** Paliss de Beauv.

289. 1) **Undulatum** Pal. de B.

Hab. Sur la terre, aux Montées, à Sainte-Marie, à la Griaz, au Bouchet de Chamonix, à Courmayeur, vers le village de Dologne, base du Mont-Chétif.

Augustatum Brid.

Hab. Sur la terre sablonneuse et siliceuse, au Bouchet de Chamonix, forêt de Sixt (J. Muller).

50. 1) **OLIGOTRICHUM** DC.

290. **Hercynicum** Linn.

Hab. Sur la terre, aux Aiguilles-Rouges, aux Gaudenays, au Bouchet, base de l'Aiguille du Greppon, 2,200 m., base de la Floriaz, sur la Flégère.

Var Flaccida Boul.

Hab. Tige longue de 30 à 35 mm., feuilles allongées, lancéolées, linéaires, lâches pédicelles atteignant 4-6 cent., operculé plus longuement acumenié, allongé, sur la terre humide des pentes de la Tête-Rouge, sur les Mayens de la Poya, à Valorsine.

51. 1) **POGONATUM** Paliss de B.

291. **Nanum** Neck.

Hab. Sur la terre sablonneuse, dans toute la circonscription inférieure et moyenne du bassin de l'Arve.

292. P. 2) **Aloïdes** Pal. de B.

Hab. Sur la terre sablonneuse, le long des sentiers des forêts de notre circonscription, en allant au Montanvert, surtout au Bouchet, aux Montéees, au Bourselet.

293. P. 3) **Urnigerum** Linn.

Hab. Lieux sablonneux des forêts, dans toute l'étendue de notre périmètre, au Bouchet, aux Montées, à la Griaz, au bois Magnin.

Var. 3 Humilis Schp.

Hab. Dans la forêt entre le Planet et le Rocher.

294. P. 4) **Alpinum** Linn.

Hab. Couloirs escarpés, sur la terre dénudée, au sommet du gros Béchard, à la forêt des Pèlerins, au Bouchet, aux Chavans, au Jardin, la Jorace.

Var. B. Arcticum Schp.

Hab. Contamines, Val. Mont-Joie (J. Muller), et dans le bois de la base du Mont-Chétif, dans le val Venis, Courmayeur.

Var. Septentrionale Brid.

Hab. Sur la terre dénudée, auprès des neiges, sur le revers nord des Aiguilles-Rouges, de l'Aiguille du Greppon, en allant au Montanvert.

52. 4) POLYTRICHUM Linn.

295. **Sexangulare** Flœrk.

Hab. Sur la terre dénudée, sur tout le revers nord des Aiguilles-Rouges, sur Arlevé, 2,000 m., base de l'Aiguille du Greppon, frêtes de Carlaveyron, Bel-Achat, au Brevent, Col du Praz, Torrent.

296. P. 2) **Formosum** Hedw.

Hab. Bois sablonneux, secs, au Liapet, sur le hameau des Barats, la forêt des Pèlerins.

297. P. 3) **Piliferum** Schreb.

Hab. Lieux secs et découverts, sablonneux, au Bouchet, aux Montées, en allant au Montanvert, au Cougnon, aux Gaillands.

Var. B. Hoppei Schp.

Hab. Jardin de la Mer de Glace, 2,500 m.

298. P. 4) Juniperinum WILDN.

Hab. Bruyères et la terre siliceuse, au Bouchet, aux Pèlerins et aux Montées.

299. P. 5) Strictum BANKS. *P. Juniperinum Var. Strictum Alpestre* BRUCH et SCHP.

Hab. Lieux tourbeaux, aux Posettes, près du Col de Balme, parmi les Sphaignes.

Var. Glaucescens.

Hab. Même localité.

300. P. 6) Commune LINN.

Hab. Lieux humides et tourbeaux recouvrant une assez grande étendue du sol sur lequel on peut marcher un kilomètre comme sur une natte élastique, au Bouchet.

Famille des Diphysciées

53. **DIPHYSCIUM** MOHR

301. Foliosum MOHR.

Hab. Sur la terre sablonneuse, autour de Pierre à Bérard et entre Bel-Achat et le Brévent, sommet de Songeonnaz.

54. **BUXBAUMIA** HALL.

302. Indusiata BRID.

Hab. Sur la terre, au bord des sentiers et sur les troncs pourris, aux alentours de Chamonix.

2me SÉRIE : PLEUROCARPÉES

Famille des Fontinalées

55. **FONTINALLIS** DILL.

303. Antypyretica.

Hab. Dans les eaux courantes, les sources se fixant sur les pierres, dans tous les courants d'eau claire, autour de Chamonix, ainsi que la variété.

Var. B. Gigantea SULLIR.

Hab. Plus forte et plus robuste que le type, au Châtelard, près la Tête-Noire et à Servoz.

Var. Gracilis SCHP.

Hab. Entre les chalets de la Balme et d'Arlevé, sur le revers nord des Aiguilles-Rouges.

Famille des Leptodontées

56. LEPTODON MOHR.

304. Smithii MOHR.

Hab. Sur les troncs d'arbres et les rochers siliceux, dans tout le bassin moyen et inférieur de l'Arve.

Famille des Neckerées

57. 1) NECKERA HEDW.

305. Pennata HEDW.

Hab. Sur les troncs et les pierres, dans tout le périmètre de notre circonscription, surtout aux Montées, à Sainte-Marie, au Châtelard, au Mont-Vautier, à Vaudagne.

306. N. 2) Menziesii HOOCK *N. Turgida* JURASIK.

Hab. Sur les rochers boisés, avant l'entrée du vallon du Châtelard, côte de Servoz, en montant au Mont-Chétif, Courmayeur.

307. N. 3) Pumila HEDW.

Hab. Sur les troncs et les rochers du Scez, sur Hortaz.

308. N. 4) Crispa HEDW.

Hab. Sur les troncs d'arbres et les rochers ombragés surtout, dans toute l'étendue de notre périmètre, vallon du Châtelard, les Gorges mystérieuses, sous la Tête-Noire et de la Diozaz, à Servoz, aux Montées, à Sainte-Marie, 850 à 1,000 m.

Var Falcata BOUL.

Hab. Aux Montées.

309. **N. 5) Complanata** Hedw. Bru Europ.

Hab. Sur les troncs d'arbres et les pierres, les parois de rochers, aux Gorges mystérieuses, sous la Tête-Noire et de la Diozaz.

Var Secunda Gr.

Hab. Aux Montées, à Vaudagne, Nant des Praz.

310. **Besseri** Juratz. *Homalis Besseri* Lorent.

Hab. Sur les rochers ombragés, aux Montées, à Sainte-Marie, au Fouilly.

58. 1) **HOMALIA** *Pourretiana* Bouley.

311. **H. 2) Trichomanoïdes.**

Hab. Au pied des arbres et sur les pierres, dans toute la région moyenne et inférieure du bassin de l'Arve.

Famille des Leucodontées

59. **LEUCODON** Schwœg.

312. **Sciuroïdes** Schwœg.

Hab. Sur les troncs, dans les forêts surtout de hêtre, dans toute notre circonscription.

1. **Var. Morensis** B. Europ. *Leucodon Morensis* Schwœg.

Hab. Forêt de Songeonnaz, rochers ombragés, près des Gorges du Trient (G. Davies).

2. **Var. Falcata** Boul.

Hab. Sur les frênes et les bouleaux, autour de Chamonix.

60. **ANTITRICHA** Brid.

313. **Cartipendula** Brid.

Hab. Sur les rochers et les blocs, plus rarement sur les troncs, dans toute l'étendue de notre circonscription, au Mont-Vautier et aux Gorges de la Diozaz, au Nant du Greppon, du Dard, au pied du Grand-Bois, entre les prés de Venis et Courmayeur, sur le Rocher et le Planet, chalet du Scez, à Songeonnaz.

Famille des Hookériées

61. PTERIGOPHYLLUM Brid.

344. Lucens Brid.

Hab. Sur la terre humide et dans les rigoles du Mont-Vautier, sur Servoz à Vaudagne.

Famille des Leskeacées

62. MYURELLA Schp.

345. Julacea Schp.

Hab. Fissures de rochers, à Sainte-Marie, aux Montées, au Mont-Vautier, sommet de Songeonnaz, en allant au Col de Balme, entre Pierre-Pointue et à l'Echelle, les Rassaches, sur l'Ognant, les Aiguilles-Rouges.

63. LESKEA Hedw.

346. 1) Polycarpa Ehrh.

Hab. A la base des troncs de saules, dans toute notre région moyenne et inférieure.

347. L. 2) Nervosa Myr. *Pterogonium Nervosum* Schw.

Hab. Sur les troncs et les blocs, dans la plupart des forêts comprises dans les limites de notre champ d'étude, aux Pèlerins, aux ravins des Plans, autour de Chamonix.

64. ANOMODON Hook.

348. Longifolium Hartm.

Hab. Rochers ombrages et sur les troncs, la terre, dans toute notre circonscription inférieure et moyenne, aux Montées, au Châtelard, près Servoz.

349. A. 2) Attenuatus.

Hab. Sur les pierres et les rochers, au Cougnon, au Bouchet, aux Gorges de la Diozaz, aux rochers du Scez, aux Montées.

65. PSEUDOLESKEA B. Schp.

320. **Atrovirens** B. et Schp.

Hab. Sur les rochers et les troncs, ainsi que les rochers à la Saxe, sur les bains à Courmayeur et entre la chapelle de Berryer et les prés de Venis, dans l'Allée Blanche, au pied de l'Aiguille du Greppon, entre la Crase de Bérard, Tête-Rouge et la cime des Aiguilles-Rouges, entre Plampraz et le Brevent, au pont de Peralottaz, tout le versant nord des Aiguilles-Rouges avec les variétés.

Var. Filameutosa Boul.

Hab. Derrière les tours de Sales, sur Servoz.

Var. Brachyclados Schp.

Hab. Sainte-Marie, aux Montées, sur la terre et les rochers du revers nord des Aiguilles-Rouges, entre 1,050 à 2,500 m.

321. **P. 2) Catenulata** B. Europ. *Hyponum Catenulatum.*

Hab. Sur les pierres, les rochers, entre la Crase de Bérard et le Col de Salenton, à 2,500 m., Col de Balme.

66. HETEROCLADIUM B. et Schp.

322. **Dimorphum** B. et Schp.

Hab. Dans les bois de sapins, sur la terre et les rochers, autour de Chamonix où il est abondant, au Bouchet, dans la forêt du Brevent de Chamonix, à Plampraz, à Courmayeur, entre les prés de Venis et d'Entrève, aux Pèlerins, au Cougnon, au Greppon, en allant au Montanvert, aux Gorges de la Diozaz, en montant à la Flégère, très abondant dans toutes les forêts de notre circonscription.

323. **H. 2) Heropterum** B. et Schp. *Pterogonium, Heteropterum* Bruch.

Hab. Sur les rochers siliceux, frais, aux Montées et aux Aiguilles-Rouges, sur la Flégère.

67. THUIDIUM B. et Schp.

324. **Tamariscinum** B. et Schp.

Hab. Sur la terre humide, boisée, parés des rigoles, répandu dans toute notre circonscription, aux Montées, au Bouchet et aux Gorges mystérieuses, sous la Tête-Noire et à la Diozaz, derrière le Biolet, en face Chamonix, au Mont-Vautier.

325. T. 2) **Recognitum** LINDB. *Thuidium, Delicatulum* BRU.

Hab. Sur la terre, les pierres, au Bouchet de Chamonix.

326. T. 3) **Delicatulum** LINDBERG.

Hab. Celle-ci tiendrait le milieu entre les *T. Tamariscinum* et *Recognitum*, si ce n'est celle-ci, c'est au moins une variété du *T. Tamariscinum.*

327. **Abiretinum** B. et SCHP.

Hab. Lieux caillouteux secs, sur les pierres et les vieux murs, autour de Chamonix, au Bouchet, aux Pèlerins, aux Bossons.

Famille des Pterigynaudrées

68. **PTERIGYNANDRUM** HEDW. *Pterogonium Filiforme* SCHW.

328. 1) **Filiforme** HEDW.

Hab. Sur les pierres et les rochers, autour de Pierre à Bérard, au Cougnon, au Bouchet.

P. Filiforme Var. forma *Ascendens v. nova.*

Hab. Au Grand-Mulet, 3,000 m.

1. **Var. Heteropterum** SCHP. *Pterogonium, Heteropterum* BRID.

Hab. Sur le sable, la terre, les pierres et rochers, au sommet de Tacconnaz, de Songeonnaz, de Peralottaz et sur toute l'étendue du revers nord des Aiguilles-Rouges et de Pierre à Bérard et au lac Cornu, au Bouchet de Charmonix, à Hortaz, au Montanvert, près le glacier des Bossons, le Grand-Bois, aux Pèlerins et à Courmayeur, entre la chapelle de Berryer et les prés de Venis, aux Combes, derrière Chamonix.

69. LESCUREA Schimp.

329. 1) **Striata** Schp.

Hab. Sur les pierres et les troncs, entre le Planet et le Rocher, sur Chamonix, au Bouchet, le bois de Joux, Aiguilles-Rouges.

Var. Saxicola Schp.

Hab. Au Bouchet, Aiguille de la Glière, sur la Flégère.

70. PLATYGYRUM B. et Schp.

330. **Cylindrothecium repens de Not. Repens** B. et Schp. *Pterogynaudrum* Bred. *Pterogonium* Schwœg.

Hab. Sur les troncs et sur la terre, au Bouchet.

71. PYLAISIA Schp. *Isothecium*, *Polyauthum* Spruce.

331. **Polyantha** Schp.

Hab. Sur les troncs de la région moyenne et inférieure de notre circonscription, au Bouchet, Servoz et Chamonix.

72. CYLINDROTHECIUM *C. Montagnei* B. Eur.

332. **Concinnum** Schp.

Hab. Sur la terre, les pierres des lieux secs, autour du lac de Chedde.

73. CLIMACIUM Web. et M. *Leskea dedroïdes* Hedw.

333. **Dendroïdes** Web. et Mohr.

Hab. Les tourbières et marécages de notre région moyenne, autour de Chamonix, au Bouchet, aux Montées.

74. ISOTHECIUM Brid. *Isothecium Myurium* Brid.

334. **Myosuroïdes** Hedwig. *M. Hyp. Myurium* Poll.

Hab. Base des troncs de sapins, sur les pierres et les rochers, aux Montées, autour de Sainte-Marie et de Barberine et de la forêt, entre les prés de Venis et de la chapelle de Berryer, Mont-Vautier, au Châtelard, Gorges de la Diozaz, Songeonnaz.

1. **Var. Robustum** Boul.

Hab. Autour de Chamonix, au Bouchet, à Hortaz.

2. **Var. Elongatum** Schp.

Hab. A droite du Glacier du Tour, dans une caverne de rochers recouverte d'arbrisseaux.

75. ORTHOTHECIUM Schp. *Isothecium, Intricatum* Boul.

335. 1) **Intricatum** B. et Schp.

Hab Fissures de rochers au Nant des Praz, aux Aiguilles de la Glière et au bord du lac Blanc, couloir à gauche du glacier des Bossons et entre les chalets de Balme et d'Arlevé.

336. O. 2) **Chryseum** Spruce.

Hab. Fissures de rochers humides en suivant le chemin des Gorges de la Diozaz jusque sous le Campo ou Carlaveyron, sous le Brevent.

337. **Rufescens Hoffm.** B. et Schp. *Leskea Rufescens.*

Hab. Parois et fissures de rochers très ombragés, humides, à Sainte-Marie, aux Montées, les Gorges de la Diozaz, après avoir passé la porte du Contrôle.

76. HOMALOTHECIUM Schp.

338. 1) **Sericerum** Spruce *Leskea Sericea* Hedw.

Hab. Sur les troncs, dans presque toutes les forêts de notre circonscription, entre les prés de Venis et Courmayeur, au-dessus des bains de la Saxe, forêt du Mont, près le Glacier des Bossous, au Châtelard, rochers du Scez, sous le Montanvert.

Forma gracilis.

Hab. Grêle, sur les rochers du Scez.

339. H. 2) **Philippeanum.** Schp.

Hab. Rochers et pierres calcaires, autour du lac de Chède et au bois de Joux, à Servoz.

Famille des Camptothéciées

77. CAMPTOTHECIUM Schp.

340. **Lutescens** Schp.

Hab. Dans les lieux secs, autour de Chamonix, au Bouchet et tout le bassin de l'Arve.

Famille des Bra'hythéciées

78. PTYCHODIUM Schp.

341. **Plicatum** Schp.

Hab. Sur les pierres et les rochers, autour de Chamonix, Côte du Piget, spécialement aux terrains calcaires.

79. BRACHYTHECIUM Schp.

342. **Salebrosum** Schp.

Hab. Dans les bois, au Cougnon, sur les pierres, La Côte du Piget, derrière le hameau des Bois.

343. **B. 2) Glareosum** B. et Schp.

Lieux secs, caillouteux, exposés au midi, fissures de rochers de la Saxe, Courmayeur, à Chamonix, au pied du Grand-Bois.

344. **B. 3) Albicans** B. et Schp.

Hab. Lieux rocailleux et fissures de rochers calcaires, à la Côte du Piget, val de Bérard, au Mont-Jovet, sous le Bonhomme.

Var. 3 Alpinum de Not.

Hab. En montant du col de Bérard vers la cime des Aiguilles-Rouges.

345. **B. 4) Collinum** B. et Schp. *Hypnum Collinum* Schl.

Hab. Sur la terre, dans les fissures de rochers abrités, aux Pécleray sur Argentière, col de Balme, en traversant les Becs-Rouges et aux Grands-Mulets, à 3,500 m.

346. **B. 5) Velutinum** B. et Schp.

Hab. Commune dans toutes les forêts de notre circonscription des régions moyennes et inférieures, surtout au Bouchet, à Hortaz, aux Montées.

Var. Intricatum Schp.

Hab. Au Bouchet, au sommet des Montées, aux Gaillands et les Grands-Mulets.

347. **B. 6) Trachypodium** B. et Schp.

Hab. Plante voisine de celle-ci, quoiqu'il y a une certaine différence dans la dentelure plus ou moins concave des feuilles des environs de Chamonix.

348. **B. 7) Starkii** B. et Schp.

Hab. Sur l'humus, sous les branchages, parmi les et sous les Rhodendrons, à la base de la Loriaz ou de Tète-Rouge, sur le Mayen de la Poya à Valorsine.

349. **B. 8) Glaciale** B. et Schp.

Hab. Sur la terre découverte, près des Neiges, aux Rassaches d'Argentière, sur l'Ognant, aux ravins des Plans, frête de la Chaine d'Antherne, versant nord, à Sainte-Marie, au Fouilly, versant nord des Aiguilles-Rouges, sur le glacier du lac Blanc, sur la Flégère, frête entre Bel-Achat et le Brevent, sommet de Songeonnaz et aux Péclerais sur Argentière, Leschaux, vallée de la Mer de Glace, lac Cornu, Aiguille de la Glière et base de celle du Greppon. sous le glacier d'Anolet, dans la vallée de Bérard, à la pierre au Chantre, au Buet, 3.000 m., base de l'Aiguille du Tour, 2,500 m. versant nord de la Chaine d'Antherne, près du col de Leschaux, sommet du col d'Anclave, sur le Mont-Jovet, au Bonhomme, base de la moraine du Glacier de Blaitière, col de Balme et l'Ognant, vers le milieu de la vallée de Bérard.

B. Mihi.

Hab. Espèce voisine du B. Glaciale. mais en diffère notablement, n'ayant rencontré qu'un très petit échantillon fructifié et pas assez avancé que j'ai rencontré aux Péclerais sur Argentière, au col de Balme, à la base de la Floriaz. (31 octobre 1884.)

350. **B. 9) Rutabulum** Schp.

Hab. Parmi les brousailles, au ravin des Plans, des Pèlerins, de Songeonnaz, au Bouchet.

Var. Robustum Schp.

Hab. Les Bossons, les Pèlerins, Tête-Noire, Gorges mystérieuses, Bouchet.

351. **B. 10) Rivulare** Schp.

Hab. Sur les pierres, au bord des eaux des ruisseaux, au Bouchet, aux Aiguilles-Rouges, à Barberine, Valorsine, la Griaz, au pied de la Filliaz, vallée de Bérard.

352. **B. 11) Populeum** Schp.

Hab. Dans toutes les forêts de notre circonscription moyenne et inférieure, au Fouilly et au Bouchet, près Chamonix, aux Chaudérons sur Chamonix.

Var. Majus Schp.

Hab. Egalement autour de Chamonix.

Var Rufescens Schp.

Hab. Sommet de Songeonnaz, la Tête-Noire et Cougnon.

353. **B. 12) Plumosum** Schp. *Var. foliis serratis.*

Hab. Sur les rochers et le sable, sous les sapins, aux Montées, à Hortaz et le sommet de Songeonnaz.

354. **B. 13) Payotianum** Schp. *in Herb.* Payot, Boul. *Muscinées* de France.

Hab. Fissures des rochers ombragés, sur la cime des Aiguilles-Rouges et de la Loriaz, à la Crase du col de Trez-Torrent, entre les dites Aiguilles de la Loriaz et à droite du Lac Blanc. (Septembre 1879.) C'est en 1859 que je l'ai recueilli pour la première fois, mais toujours à l'état stérile, c'est une espèce qui ne peut se confondre avec aucune autre de ce genre.

355. **B. 14) Cirrosum** Schp. et Funkii, Sch.

Hab. Du même auteur, ne sont pas spécifiquement distinctes, les échantillons que j'ai recueillis correspondant au B. Funkii par leur grande taille et la brièveté de l'opercule et de l'épicule des feuilles, il se rapproche du B. Cirresum par la denticulation du bord des feuilles, sommet de l'arête qui se dirige du col de Bérard, aux Aiguilles-Rouges. (8 octobre 1879) à 2,700 m.

80. EURHYNCHIUM Schop.

356. 1) **Strigosum** Schp.

Hab. Fentes de rochers au Grand-Saint-Bernard (G. Davies) et forêt de la Griaz, Chamonix et Ravin des Plans.

357. **E.** 2) **Striatulum** Schp.

Hab. Rochers ombragés, humides, aux Gorges de la Diozaz.

358. **E. Striatum** Schp.

Hab. Sur la terre et les pierres des bois des environs de Chamonix, Bouchet, Greppon, Mont-Vautier, Châtelard, Gorges de la Diozaz et les Mystérieuses, sous Tête-Noire, entre 850 à 1000 m.

359. **E.** 4) **Crassi nervium de Not.** Teayl B. et Schp.

Hab. Sur les rochers ombragés, frais, en traversant de la Crase à Bérard, au col de Salenton, à 2,500 m., en montant à la Flégère, au bord du petit ruisseau des Fontanettes.

360. **E.** 5) **Vaucheri** Br. Eur. Schwœg. *Hyp. Tommasini* Landlt. *Var. Julaceum* B. Europ.

Hab. Sur les pierres et les rochers du bassin moyen et inférieur de l'Arve, aux alentours de Bonneville.

361. **E.** 6) **Piliferum** Schp. B. Europ.

Hab. Sur la terre boisée au Bouchet, Chamonix, Mont-Chétif, Courmayeur, le long du Nant du Greppon, Nant du Dard.

362. **E.** 7) **Prœlongum** B. Europ.

Hab. Sur les pierres humides, ombragées, à Songeonnaz, à la Griaz, les champs autour de Chamonix, Ravins des Plans et bois de la Jorace, sommet des Montées.

Var. Vulgare Boul.

Hab. Sur les pierres, au bord du ruisseau qui descend de Salvan à Vernayaz, aux zigzags dits de Salvan.

Var. Atrovirens Boul.

Hab. En traversant des chalets de la Balme à ceux d'Arlevé.

363. **E.** 8) **Stokesii** Br. Europ.

Hab. Sur la terre, les pierres, sous les Rhododendrons à Tête-Rouge, sur les Mayens de la Poya Valorsine et forêt de la Griaz.

81. RYNCHOSTEGIUM Schp.

364. 1) **Rotundifolium** B. et Schp.

Hab. Sur les pierres ombragées, les troncs du bassin moyen et inférieur de l'Arve. (Puget.)

365. **R.** 2) **Murale** B. Europ.

Hab. Sur les pierres, au pied des rochers, dans les bois, aux aux alentours de Chamonix et tout le bassin moyen et inférieur de l'Arve.

366. **R.** 3) **Rusciforme** B. Europ.

Hab. Sur les pierres et les rochers inondés, dans les ruisseaux, autour de Chamonix, au Bouchet, au pont de Peralottaz, (à Saint-Martin, Puget), vallée de Bérard.

Var. Atlanticum Brid. *Var. Inundatum* B. Europ.

Hab. Aux Gorges mystérieuses, sous Tête-Noire.

82. THAMNIUM Schp. *Isothecium Alopecurum* Wies.

367. **Alopecurum** Schp. B.

Hab. Sur les pierres et les parois de rochers humides, au bord des ruisseaux et des cascades, dans le bassin moyen et inférieur de l'Arve (Puget).

83. PLAGIOTHECIUM Schp. *Plagiothecium Nétidulum* Lindberg.

368. 1) **Pulchellum** Schp. *Plag. Nitidulum* Boulay.

Hab. Sur les souches en décomposition et les anfractuosités de rochers, au Cougnon, à Songeonnaz, Moraine gauche de la Mer de Glace, au bois Magnin.

369. P. 2) **Nitidulum** Lindberg, Boulay.

Hab. Cette dernière ne serait pas spécifiquement distincte du *P. Pulchellum* ou du moins ne s'en éloignerait que par des caractères à peine différentiels, la Jorace, Mont-Vautier, Vaudagne, La Forclaz, des Houches aux Pèlerins, au Bouchet, Greppon.

370. P. 3) **Denticulatum** Schp.

Hab. Dans les bois, sur les pierres et rochers, à Hortaz, au Fouilly, aux ravins des Plans, à Sainte-Marie, au pied de la Filliaz, la Jorace, la Griaz.

Var. Densum Schp.

Hab. La Jorace et au Fouilly, au Châtelard, à Servoz.

371. P. 4) **Sylvaticum** B. Europ.

Hab. Fissures et cavités abrités de rochers, aux Gorges de la Diozaz, vallée de Bérard, à Liautraz, Valorsine, la Griaz, espèce difficile à séparer du *P. Denticulatum*, dont elle n'est qu'une variété selon sa station, aux Aiguilles-Rouges, entre les chalets de la Balme et d'Arlevé.

372. P. 5) **Silesiacum** B. Europ.

Hab. Sur les troncs pourris, dans presque toutes les forêts de sapins au Lays et au Grand-Bois.

84. AMBLYSTEGIUM Schp.

373. 1) **Subtite** Schp. Europ.

Hab. Sur les troncs, dans les forêts de fayards de toute notre région moyenne et inférieure, Servoz, au bois de Jorace.

374. A. 2) **Serpens** B. Europ.

Hab. Sur les pierres, au bord des fontaines, des rigoles, des murs humides, dans toute notre circonscription, autour de Chamonix, à la Molard, commune.

375. A. 3) **Reparium** B. Europ.

Hab. Au bord des fossés, des mares, sur la terre, les pierres, les vieux troncs, autour de Chamonix, au Bouchet, aux Montées de Servoz.

1. **Var.** *Difficile à spécifier à l'état stérile.*

Hab. Frête du col d'Anterne, à celui de Leschaux, sous le Buet.

2. **Var.** *Egalement difficile à nommer dans un état de stérilité.*

Hab. Sommet de Songeonnaz.

376. **A.** 4) **Irriguum** B. Europ.

Hab. Sur les pierres et dans les ruisseaux de l'Eau-Noire, dans la vallée de Bérard.

377. **A.** 5) **Fluviatile** B. Europ.

Hab. Dans toute l'étendue de notre circonscription.

85. HYPNUM Lin.

378. 1) **Halleri** Lin.

Hab. Sur les pierres et les rochers, aux Aiguilles-Rouges et au Bouchet de Chamonix et à Courmayeur, autour de la Chapelle de Berryer et aux Rassaches Argentière.

379. **H.** 2) **Elodes** Rich. Spruce.

Hab. Lieux marécageux, tourbières, au Bouchet de Chamonix et en allant à la Flégère, à l'Evettaz.

380. **H.** 3) **Chrysophyllum** Brid. *H. Polymorphum* B. Europ.

Hab. Sur les rochers feldspathiques des bains de la Saxe, à Courmayeur, à ceux du Lac à Servoz, sous les ruines de Saint-Michel et la valléé de Bérard.

381. **H.** 4) **Stellatum** Schreb. *Var. forma Alpina* B.

Hab. Sur les rochers, autour de Pierre à Bérard, en montant au col de Balme, sources d'Arve et les rigoles qui descendent de la montagne de la Côte, sur le Dard et autour de Pierre à Bérard.

Var. forma Gracilis Boul.

Hab. Entre les chalets de la Balme et ceux d'Arlevé.

Var. protensium Schp.

Hab. Ravins des Plans près Chamonix, Aiguilles-Rouges, les Cez Blancs et la forêt des Pèlerins.

382. **H.** 5) **Aduncum** Hedw.

Hab. Les flaques et tourbières, autour du lac Cornu, aux Aiguilles Rouges.

Forma integrifolium Boul.

Hab. Dans une flaque d'eau, entre le lac du Brevent et les chalets de Carlaveyron.

383. **Fluitans** Lin *H. Exanulatum* Gumb.

Hab. Versant nord des Aiguilles-Rouges.

Var. forma pinnatum Boul. ***Exannulatum.***

Hab. Autour du col de Balme et les tourbières, derrière le Brevent.

Var. Gracilescens Boul. Renault.

Hab. Les tourbières des Pozettes.

Var. purpurescens Schp.

Hab. Les tourbières entre les lacs Cornu et Noir, sous le premier, aux Aiguilles-Rouges.

Var. Stenophyllum *Wils in Schp H. Rotve*, Pfeffer, *Briogeographi.*

Hab. Dans une tourbière, près du lac du Brevent, frête du Prarion, sur Saint-Gervais, en allant dans le vallon d'Entre les Eaux, depuis la cascade de Bérard, ainsi que dans les petits ruisseaux qui descendent du Buet, en face la Pierre à Bérard, Aiguille à Bochard, sur le Chapeau, au Mauvais-Pas, entre les chalets de l'Ognant et de la Pendant.

384. **H.** 7) **Revolvens** Swartz.

Hab. Marécages du Bouchet, près Chamonix.

385. **H.** 8) **Uncinnatum** Hedw.

Hab. Sur la terre siliceuse, dans les bois, au Bouchet.

I. **Var. Plumosum** Schp.

Hab. Sur la terre également, aux alentours de Chamonix.

II. **Var. Plumulosum** Schp.

Hab. Le Dard, Bouchet.

III. **Var. Gracilescens** Schp.

Hab. Aux alentours du glacier des Bossons et Peralottaz, Aiguilles-Rouges et Bérard.

IV. **Var. Subjulaceum** Schp.

Hab. Au Bouchet.

386. **H. 9) Filicinum** Lin.

Hab. Sur la terre au Bouchet.

Var. forma Supra Alpina.

Hab. Aux Aiguilles-Rouges.

387. **Decipiens de Not.** *revue* Bry Philibert.

Hab. En montant à la Flégère, en suivant l'eau de l'Evettaz, sur les pierres, au bord du petit ruisseau.

388. **H. 11. Commutatum** Hedw.

Hab. Espèce spéciale et en grande abondance, aux terrains calcaires et exceptionnellement dans les rigoles des sources calcaires, dans l'Allée Blanche, à Servoz, aux Montées, aux Chaudérons, ravins du Buet, aux sources des Nants, au bord de l'Arve, gorges de la Diozaz.

389. **H. 12) Falcatum** Brid. *H. Commutatum Var A Falcatum* Br.

Hab. Au bord des ruisseaux et des sources, entre le col d'Antherne et Moëde et les Contamines, Notre-Dame de la Gorge, en suivant la rive droite de l'Arve, du pont de Peralottaz à Coupeau, Allée Blanche, les Bossons, sous les chalets de l'Ognant.

390. **H. 13) Irrigatum** Zetters *H. Virescens* Boul. *Hyp. Napæum* Limpricht

Hab. Autour de Pierre à Bérard, dans l'Eau-Noire. Je crois, en effet, comme M. Boulay, que ces trois sous-espèces ne sont que des états divers du *H Commutatum* selon les stations qu'elles se rencontrent, les eaux froides ou chargées de chaux.

391. H. 14) **Rugosum** EHRH.

Hab. Coteaux ou collines sèches et caillouteux exposés aux rayons solaires, autour de Chamonix, au bois de Joux à Servoz, forêt de Brevent et en montant à Bel-Achat.

Var. imbricatum PFEFFER *Forma Alpina.*

Hab. Sommet des Aiguilles-Rouges, 2,500 m.

392. H. 15) **Incurvatum** SCHRAD.

Hab. Sur les rochers de la région inférieure du bassin de l'Arve, base du Salève (J. MULLER).

393. H. 16) **Fastigiatum** BRID. *H. Dolomiticum* MILDE.

Hab. Sur les blocs et rochers de la région supérieure de notre champ d'étude, vallée et col de Bérard.

394. H. 17) **Callichroum** BRID.

Hab. Sur la terre et les rochers siliceux et calcaires, indifféremment chaine d'Anterne, vallée de Bérard et en montant à la Flégère, le long du cours de l'Evettaz.

395. H. 18) **Hamulosum** B. et SCHP.

Hab. Dans les fissures de rochers abrités, en montant l'arêt du col de Bérard, aux Aiguilles-Rouges, 2,500 m.

396. H. 19) **Arcuatum** LINDBERG. *Hyp. patientia* LINDBERG *in Milde. Hyp. pratense Var. Hamatum* SCHP. *in litt.*

Hab. Dans les bois, sur la terre siliceuse, au Bouchet et aux Pèlerins.

Var. y demissum BOUL.

Hab. Aiguilles-Rouges.

397. H. 20) **Cupressiforme** LINN.

Hab Sur la terre, les rochers, dans les forêts de toute notre circonscription moyenne et inférieure jusqu'à la supérieure, fréquent autour de Chamonix, au Bouchet, aux Montées.

I. **Var. Gracile** Boul.

Hab. Au Bouchet.

II. **Var. Condensatum** Boul., Schp.

Hab. Au Bouchet.

III. **Var. Filiforme** Schp.

Hab. Au Bouchet et Songeonnaz.

IV. **Var. Mamillatum.** Boul.

Hab. Au Grand-Bois.

V. **Var. Fastigiata.**

Hab. Aux Grands-Mulets.

398. **H. 21) Heufleri Juratzsk.**

Hab. Rochers siliceux ombragés de la région alpine, sommet des Aiguilles-Rouges, sur Pierre à Bérard et du glacier du lac Blanc, sur le versant méridional, en traversant de la Crase à Bérard au col de Salenton et au col d'Antherne, aux chalets de la Pendant et sous un grand bloc, vers le milieu de la moraine terminale.

399. **H. 22) Procerrimum** Moldo.

Hab. Rochers et sur la terre siliceuse, au Bouchet de Chamonix et vallée de Bérard.

400. **H. 23) Haldanianum** Grev.

Hab. Base des troncs de sapins, la terre siliceuse, au Bouchet de Chamonix, le long de l'Arveyron et sur le revers nord des Aiguilles-Rouges et au Grand-Bois.

401. **H. 24) Molluscum** Hedw.

Hab. Sur la terre et les rochers, indifférente quant aux terrains dans les bois de sapins de toute notre région moyenne et inférieure, autour de Chamonix, au Bouchet.

I. **Var. Condensatum** Schp.

Hab. Au Bouchet et au Mont-Vautier, autour de Chamonix.

II. **Var. Glacile forma Laxifolia.**

Hab. Valorsine, revers nord.

III. **Var. Winteri** Boul.

Hab. Tète-Noire, Gorges mystérieuses.

402. **H.** 25) **Crista Castrensis** Linn.

Hab. Sur la terre, dans toutes les forêts de notre circonscription moyenne, autour de Chamonix.

403. **H.** 26) **Hypnum** (*Lymnobium)* Bry, Europ.
Palustre Linn.

Hab. Sur les rochers et les pierres, dans les rigoles ou les ruisseaux, dans toute notre circonscription moyenne, au Bouchet de Chamonix et abondante aux alentours de Courmayeur.

H. Palustre *Var. Sphœrocephalum.*

Hab. Les zigs zags sous Salvan.

Var. Falcatum.

Hab. Sous Salvan et Chamonix.

Var. Julaceum Schp.

Hab. Aux alentours de Courmayeur et au Praz d'En-Haut et les ruisseaux qui descendent du Buet en face Pierre à Bérard, aux Rassaches, entre Pierre-Pointue et à l'Echelle, le long de la Diozaz, à Servoz.

Var. Tenellum Schp.

Hab. Au Bouchet, Chamonix.

404. **H.** 27) **Lymnobium** Molle Dicks *Schimperianum* Lorentz.

Hab. Parmi les rochers humectés par la fonte des neiges, au-dessus du lac Cornu, base de la Glière et col de Bérard.

I. **Var. Maximum** Boul. *Hyp.* Molle Schp.

Hab. Sur les rochers moutonnés, siliceux, entre le lac Cornu et Arlevé et dans le ruisseau qui descend par les Mottets et la Jorace, à la source d'Arveyron, les Aiguilles-Rouges, au-dessus d'Arlevé, entre la Crase de Bérard et le col de Salenton.

II. **Var. Schimperianum** Schp. Lyn. Lorentz.

Hab. Base de l'Aiguille du Tour.

III. **Var. Alpinum** Lindberg. *H. Alpinum* Schp. *Var. V. Julaceum.*

Hab. Moraine et sous le glacier d'Anolet, dans la vallée de Bérard, en face la Pierre de ce nom, sommet de Songeonnaz, entre Carlaveyron et le lac du Brevent, sous le glacier des Grands-Montets, à Bayer, sommet de la Floriaz.

IV. **Var. Compactum,** *inédite ou variété*, si ce n'est une espèce nouvelle qui demande à être revue à nouveau.

V. **Var.** *Nouvelle inédite.*

Hab. Base du glacier du lac Blanc, sur la Flégère.

VI. **Var. Dilatatum** Boul. *H. Dilatatum* Wils. *Forma pyrenaïca.*

Hab. Aiguilles-Rouges, près du lac du glacier Blanc, le long de la berge de l'Eau-Noire, dans la vallée de Bérard.

VII. **Var. forma Julacea.**

Hab. Aiguilles-Rouges et vallée de Bérard, vers le milieu; aux variétés qui précèdent il y en au moins encore autant qui ne sont pas décrites et qui attendent de nouvelles études et nouvelles recherches à leur sujet.

405. **H.** 28) **Alpestre** Boul. *Eugyruim* Schp.

Hab. Sur les pierres et les rochers inondés par les eaux provenant de la fonte des neiges, au-dessus des chalets d'Arlevé, sur le revers nord des Aiguilles-Rouges.

406. **H.** 29) **Ochraceum** Turn. *Lymnobium* Br. Europ.

Hab. Dans les petits ruisseaux formés par la fonte des neiges, près du col de Bérard et tout le revers nord des Aiguilles-Rouges, entre le vallon de la Balme et d'Arlevé.

I. **Var. Tenue** Schp. *in litt.*

Hab. Sur les rochers, aux Gaillands, au-dessus de la Fontaine ronde.

II. **Var. Tenius** Boul. *in Herb.*

Hab. Les Aiguilles-Rouges.

III. **Var. Flaccidum** Mild.

Hab. Les Aiguilles-Rouges sur Arlevé.

IV. **Var.** *inédite.*

407. **H.** 30) **Areticum** Sommerfelte Schp.

Hab. Sur les rochers du col de Bérard, en montant depuis la Pierre de ce nom à quelques pas avant le col et aux Aiguilles-Rouges, vers le lac Cornu et entre la Crase de Bérard et le col de Salenton.

408. **H.** 31) **Goulardi** Schp.

Hab. Cime des Aiguilles-Rouges.

Var. intéressante.

Hab. A rechercher avec des fructifications s'il est possible, en attendant c'est une espèce qui ne peut se confondre avec aucune des congénères qui précèdent.

409. **H.** 32) **Cuspidatum** Linn.

Hab. Sur les rochers caverneux, humides ou flagues d'eau, autour de Barberine, frontière française, au Bouchet de Chamonix.

410. **H.** 34) **Cordifolium** Hedw. *H. Breidleri Jurat in Schp.*

Hab. Tourbières, marécages au Bouchet, les Grandes-Places, au-dessus de la Montée des Thynes, Notre-Dame de la Gorge.

411. **H.** 35) **Giganteum** Schp.

Hab. Marécages, ruisseaux marécageux au Bouchet.

412. **H.** 36) **Sarmeutosum** Wahlenb. Schp. *in Herb.*

Hab. Marécages et les flagues d'eaux stagnantes, entre le lac Noir et le lac Cornu, aux Aiguilles-Rouges, sur les Mayens de la Poya, vers la cascade de Bérard, sur les rochers, aux Montées et le sommet des Montets, col de Balme.

413. **H.** 37) **Schreberi** Willdn.

Hab. Sur la terre, dans les bois de sapins, le long du Nant du Greppon, autour de Chamonix, au Bouchet, Fonfrête sur Trient, aux Montées, sous les Chavans, les Scez Blancs, au pied du Nant du Fouilly, sous Blaitière.

414 **H.** 38) **Purum** Linn.

Hab. Dans les bois de sapins, autour de Chamonix et dans toute notre circonscription moyenne du bassin de l'Arve. Bonneville et au Châtelard près Servoz.

415. **H.** 39) **Stramineum** Dicks.

Hab. Tourbières et prairies marécageuses, dans la région moyenne et supérieure, vallon d'Entre les Eaux, sur Valorsine et les flagues d'eau, aux Aiguilles-Rouges.

416. **H.** 40) **Crista Castrensis** Lin.

Hab. Commune autour de Chamonix.

417. **H.** 41) **Nivale** Lorentz.

Hab. En montant à la Flégère.

418. **H.** 42) **Curvicaule** Juratzk.

Hab. Aux Aiguilles-Rouges.

86. HYLOCOMIUM Schp. *Hyp.* *Splendens* Hedw.

419. 1) **Splendens** Schp.

Hab. Dans toutes les forêts de notre champ d'exploration, autour du Mont-Blanc de la région moyenne et inférieure, au Bouchet de Chamonix de Servoz, au Lac, à Songeonnaz.

420. **H.** 2) **Umbratum** Schp. *Hypn. Umbratum* Ehrh.

Hab. Sur les pierres, dans les forêts de notre région moyenne de toute notre circonscription, le long du Nant du Dard, base de la Loriaz, sur la Poya, vers la cascade de Bérard, aux Scez Blancs, sur Valorsine, La Forclaz, sur Saint-Gervais, vallée de Bérard, sous Tête-Rouge, rochers du Scez, près Chamonix, entre les chalets de la Balme et d'Arlevé.

421. **H.** 3) **Brevirostre** Ehrh.

Hab. Sur les pierres et les blocs, dans toute notre région moyenne, à Servoz, à Tête-Rouge, sur Valorsine.

422. **H.** 4) **Pyrenaicum** R. Spruce, Linds, *Hylocomnium fimbriatum* B. Europ. *Hypnum Oakesi Sulliv.*

Hab. Sur la terre et les rochers du revers nord des Aiguilles-Rouges, au col du Praz Torrent.

423. **H.** 5) **Squarrosum** Schp.

Hab. Sur les rochers humides, ombragés, sur Tête-Rouge, vers la cascade de Bérard et la forêt de Songeonnaz, aux Scez Blancs, aux Mottets, sous la Mer de Glace, au vallon des Faux, aux Houches, au Bouchet, aux Pèlerins.

424. **H.** 6) **Triquetrum** Bryo Europ.

Hab. Sur la terre, les broussailles, dans la forêt du Bouchet et de toutes celles comprises dans les limites de notre Guide, autour de Chamonix, les Contamines, Servoz, Vaudagne, Sainte-Marie, au Cognon, Barberine et les Gaillands.

1 **Var. B. Alpinum** Boul.

Hab. En montant dans les bois du Brevent.

2 **Var. Major.**

Hab. Plante très développée ayant jusqu'à 15 cent., forêt de Songeonnaz.

425. **H.** 7) **Loreum** Schp. *Hypnum Loreum* Linn.

Hab. Sur la terre, dans les forêts de notre circonscription moyenne, à Servoz, au Mont-Vautier, au Greppon, au Nant du Dard, Mont-Chétif, à Courmayeur, aux Montées, au bois de la Jorace, Notre-Dame de la Gorge, à Coupeau, aux Gorges de la Diozaz.

OBSERVATIONS. — Il y a à mentionner cinq espèces d'*Hypnum* non encore décrites, attendant de les retrouver en bonnes fructifications, afin de pouvoir en donner une description complète et détaillée appartenant à des sections différentes.

MOUSSES SCHIZOCARPÉES

Famille des Andrées

ANDREA Ehr.

Petrophila Ehr.

Hab. Sur tous les blocs et les murs de notre champ d'exploration, autour de Chamonix.

Var. Acuminata.
Var. Flaccida.
Var. Sylvicola.
Var. Gracilis.
Var. Alpicola.
Var. Frigida Linds.
} **Hab.** Vallée de Chamonix.

A. 2) **Grimsulana** Roth.

Hab. Col de Bérard et bois de la Jorace et sur les rochers, à la base du Lac-Blanc.

A. 3) **Alpestris.**

Hab. Vallée de Chamonix.

A. 4) **Crassinervia** Bryo.

Hab. Vallée de Chamonix.

A. 5) **Falcata** Schp.

Hab. Versant nord des Aiguilles-Rouges.

A. 6) **Nivalis** Hook.

Hab. Sur la terre et les rochers, sur toute la chaîne du revers nord des Aiguilles-Rouges, au-dessus de l'Ognant et de l'Aiguille à Bérard.

Var. Fuscescens.

Hab. Sur la terre et les rochers au-dessus d'Arlevé et autour du Lac-Blanc, sur la Flégère, en montant au col de Bérard.

A. 7) **Alpina** Turm.

Hab. Sur les rochers siliceux au-dessus du Gros Béchard.

A. 8) **Rupestris** Schp.

Hab. Sur les rochers, montagne de la Côte, au gros Béchard.

III ORDRE. STEGOCARPÉES

Famille des Sphagnées

SPHAGNUM Dillen

1. **Acutifolium** Ehrh.

I. **Var. Tenellum.**

Hab. Lieux marécageux, aux Montets et aux Montées.

II. **Var. Purpureum.**

Hab. Au Bouchet.

III. **Var. Fuscum.**

Hab. Aux Montées.

IV. **Var. Plumosum** Mild.

Hab. Entre la Balme et Arlevé.

V. **Var. Luridum** Hubn.

Hab. Près d'Arlevé.

VI. **Var. Schimperi** Bernet.

Hab. Bouchet

VII. **Var. Compactum.**

Hab. Sommet du Prarion.

S. 2) **Rubellum** Wilson.

Hab. Lieux marécageux, aux Pozettes, au Bouchet.

S. 3) **Girgensohni** Russ.

Hab. Les marécages et bois humides, au Châtelard, vers l'hôtel (Dr Bernet), entre la Balme et Arlevé.

I. **Var. Gracilescens.**

Hab. Salvan (Dr Bernet).

S. 4) **Fimbriatum** Wilson.

Hab. Autour de Chamonix, au Bouchet et aux Aiguilles-Rouges.

Var. Monocephallum BERNET.

Hab. Marécages avant d'atteindre Salvan.

S. 5) **Recurvum** BEAUV.

Hab. Salvant.

Var. S. Limprichtii SCHLEU.

Hab. Lieux marécageux près Salvan.

S. 6) **Squarrosum** PERSON.

Hab. Bouchet.

I. **Var. Imbricatum** PERSON.

II. **Var. Teres Angstrœm.**

Hab. Environs de Chamonix, Bouchet.

S. 7. **Rigidum** NÉES.

Hab. Valorsine.

I. **Var. Compactum** SCHP.

Hab. Entre la Balme et Arlevé.

S. 8) **Subsecundum.**

Hab. Marais près de Salvan (Bernet).

I. **Var. Intermédium.**

Hab. Salvan, entre la Balme et Arlevé.

II. **Var. Berneti** CARDOT.

Hab. Salvan, Aiguilles-Rouges, entre la Balme et Arlevé.

S. 9. **Molluseum** BRUCH.

Hab. Les marécages du bassin moyen de l'Arve, à Servoz et au Bouchet.

S. 10) **Cymbifollium** EHRH.

Hab. Les marécages près de Salvan, au Bouchet de Chamonix, les Aiguilles-Rouges, Mont-Vautier à Servoz.

Var. Compactum SCHP. *in litt.*

Hab. Au Bouchet de Chamonix, les Aiguilles-Rouges, aux Chezerys, aux chalets du Plano sur Pormenaz et entre la Balme et Arlevé.

ADDENDA

Grimmia Anceps Boulay serait synonyme du *Grimmia Sessitana de Not.*

Je signale un nouveau *Racomitrum Mollissimum*. M. Philibert a découvert près des limites de mon champ d'exploration, dans le val d'Anniviers, en Valais, de 18 à 2000 m., sur des rochers siliceux, à l'état stérile ; par ses caractères connus, cette mousse se rapproche à la fois de certains *Orthotrichs*, de quelques *Barbula* et de plusieurs *Grimmiacées* très voisin du *Racomitrum Canescens.*

Didymodon Ruber Juratzka que M. Philibert a découvert près de Louëche-les-Bains, sur des parois de rochers verticaux calcaires exposés au nord, de 15 à 1800 m. aux gorges du Pas-du-Loup.

L'Hypnum Richardsoni Mitten serait une Variet. de l'*Hypnum Cortifolium* ainsi que l'*Hypnum Breidleri Juratzka.*

L'Hypnum Ochraceum Turm.

Varietas tenue à Songeonnaz.

Hyp. Molle Dicks.

Var. Dilatatum Boul.

Hab. Vallée de Bérard.

Hyp. Cupressiforme Lin. *Var. Subjulaceum Mdo* serait l'*Hyp. Haldaniunum Var. Homomallum.*

Hyp. Haldanianum Boul.

Hab. Au Bouchet.

Hyp. Kneiffi Schp. des environs de Bex. Philibert.

Hyp. Polare Lindb. *in Hartm* serait

Hyp. Palustre *Var. laxum* de Boul.

Hab. Au Bouchet.

Hyp. Hamulosum B. Eur. *Var. Brevifolia* Boul.

Hab. Du col de Bérard aux Aiguilles-Rouges.

Hypnum Aduncum Hedw. *Var. integrifolium* Boul.
Leskea longifolia R. Spr.

Hab. Rochers du Scez.

Genève. — Impr. H. Trembley.

OPUSCULES DE VENANCE PAYOT, *Naturaliste* :

Notice sur la Flore glaciale de la chaine du Mont Blanc ou Notice sur la végétation de la région des neiges de la vallée de la Mer de Glace. Brochure in-12 de 20 pages (épuisée).

Notice sur la végétation de la région des neiges ou Flore glaciale des Grands-Mulets (épuisée).

Notice sur la végétation de la région des neiges ou Flore glaciale de l'Aiguille du Midi.

La Flore des Gorges de la Diozaz.

Guide du Botaniste ou Jardin de la Mer de Glace.

Le Guide du Lichénologue au Mont-Blanc ou Catalogue phytostatique de plantes crystogrames cellulaires. Brochure in-8° de 50 pages, extrait des bulletins de la Société vaudoise des Sciences naturelles.

Les Fougères, prêles ou sycopodéacées des environs du Mont-Blanc.

Enumération des mousses rares, nouvelles et peu connues des environs du Mont-Blanc.

Observations thermémétriques, météorologiques et pluviométriques sur la vallée de Chamonix ainsi que la température de la rivière d'Arve, des sources et des torrents de la vallée pendant les années de 1865 et 1866.

Erpétologie, Malacologie et Paléontologie des environs du Mont-Blanc. Brochure grand in-8°, 100 pages (épuisée).

Mémoire sur la transformation du *Rosa alpina* par suite d'essai de transplantation, extrait du bulletin de la Société botanique de France.

Les Diatomées de la vallée de Chamonix, extrait du bulletin de la même Société.

La Géologie et la Minéralogie du Mont-Blanc. 1 vol. in-8°, 90 pages, extrait des mémoires de l'Institut genevois (épuisée).

Mémoire sur des hybridités de Conifères 1885, présenté à la Société botanique de France.

RED. :

16

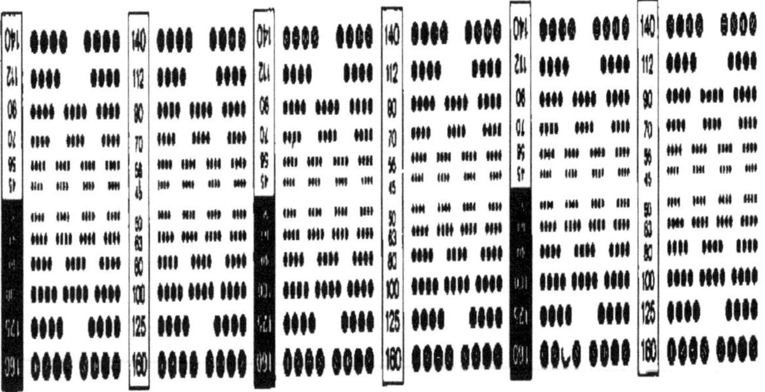

www.ingramcontent.com/pod-product-compliance
Ingram Content Group UK Ltd.
Pitfield, Milton Keynes, MK11 3LW, UK
UKHW021558260726
13993UKWH00002B/905